碳/碳复合材料高温抗氧化碳化硅/复合陶瓷涂层

焦更生 著

渭南师范学院学术著作出版基金
陕西省科技厅科研项目（2013JM2014） 联合资助出版
渭南师范学院学科项目（14TSXK04）

科学出版社

北京

内 容 简 介

本书主要介绍了采用包埋法、涂刷法和原位形成法等方法制备碳/碳复合材料高温抗氧化碳化硅/复合陶瓷涂层,在温度 1773K 和 1873K 下进行了静态自然对流空气中的氧化试验,并用扫描电镜、X 射线衍射仪和能谱等手段分析了涂层在氧化前后的物相组成、显微结构以及形貌特征,对涂层的失效机理进行了探讨,最后对全书进行了总结并对碳/碳复合材料高温抗氧化涂层的研究进行了展望。

本书可以作为高等院校材料、化学、化工等专业本科生的参考用书,也可供无机非金属材料专业研究生以及从事碳/碳复合材料高温抗氧化研究的技术人员参考。

图书在版编目(CIP)数据

碳/碳复合材料高温抗氧化碳化硅/复合陶瓷涂层/焦更生著. —北京:科学出版社,2016.2

ISBN 978-7-03-047195-6

Ⅰ.①碳⋯ Ⅱ.①焦⋯ Ⅲ.①碳/碳复合材料-高温抗氧化涂层-碳化硅陶瓷 Ⅳ.①TB332

中国版本图书馆 CIP 数据核字(2016)第 019472 号

责任编辑:祝 洁 宋无汗/责任校对:胡小洁
责任印制:张 伟/封面设计:红叶图文

科 学 出 版 社 出版
北京东黄城根北街 16 号
邮政编码:100717
http://www.sciencep.com

北京科印技术咨询服务公司印刷
科学出版社发行 各地新华书店经销

*

2016 年 2 月第 一 版 开本:720×1000 B5
2016 年 2 月第一次印刷 印张:7 1/4
字数:115 000
定价:65.00 元
(如有印装质量问题,我社负责调换)

作者简介

　　焦更生，男，汉族，1965年9月生，陕西省潼关人。现为渭南师范学院化学与生命科学学院教授。1988年毕业于西北大学化学系，获得学士学位，2001年获得西北大学分析化学硕士学位，2008年获得西北工业大学材料学博士学位。现任陕西省化学会理事，渭南师范学院化学与生命科学学院学术委员会委员，学科带头人，《渭南师范学院学报》编委。主要从事药物分析和碳/碳复合材料研究工作，先后在《分析化学》《分析实验室》《西北大学学报》、*Surface & Coatings Technology*、*Materials Science & Engineering A* 等期刊发表相关论文80余篇，已有15篇论文被SCI、EI摘录。主持并完成陕西省教育厅、科技厅科研项目五项，院级科研项目十余项，参与国家自然科学基金项目一项。2005年、2008年、2010年和2014年四次获得院级科研一、二等奖，2007年获陕西高校科学技术奖三等奖，2008年获陕西高校科学技术奖一等奖。与西北工业大学合作项目"高温长寿命抗氧化涂层理论与应用基础研究"获2008年陕西省科学技术奖一等奖。

前　言

碳/碳（C/C）复合材料是以碳纤维为增强相的碳基复合材料，是一种能在超高温条件下工作的高温结构材料，在航空航天领域具有广阔的应用前景。然而，C/C复合材料在温度高于673K[①]的环境下极易被氧化的特点在很大程度上限制了它的应用。因此，高温抗氧化是C/C复合材料作为高温结构材料应用的前提条件。本书以高温抗氧化涂层为研究目标，分别采用了包埋法、涂刷法和原位形成法等方法制备了C/C复合材料高温抗氧化碳化硅/复合陶瓷涂层，进行了在1773K和1873K温度下静态自然对流空气中的氧化试验，并采用扫描电镜（SEM）、X射线衍射仪（XRD）、X射线能谱（EDS）等手段分析了涂层在氧化前后的物相组成、显微结构以及形貌特征，并对涂层的失效机理进行了探讨。

全书共七章：第1章综述了C/C复合材料抗氧化涂层的研究现状及今后研究方向；第2章研究了包埋法制备C/C复合材料TiC内涂层的结构和性能；第3章讨论了SiC内涂层缺陷的形成机制及控制；第4章制备了C/C复合材料抗氧化$SiC\text{-}MoSi_2\text{-}(Ti_{0.8}Mo_{0.2})Si_2$单层涂层和多层高温抗氧化涂层；第5章用涂刷法在SiC-C/C复合材料上制备了C/C复合材料多组分抗氧化涂层；第6章采用两次包埋工艺制备出了$Al_2O_3\text{-}CrAl_{0.42}Si_{1.58}\text{-}SiC\text{-}Al_4SiC_4$多组分抗氧化涂层，并在1873K高温下进行了氧化实验；第7章为结论与展望。

本书是作者在西北工业大学攻读博士学位期间主要研究工作的总结。写作过程中得到了西北工业大学博士生导师李克智教授和李贺军教授的精心指导和大力支持，陕西省碳/碳复合材料工程技术研究中心 刘应楼 高工、张秀莲高工、郭领军老师、张守阳老师、张磊实验员、王闯博士、卢锦花博士、付前刚博士、史小红博士、石振海博士、赵建国博士、侯党社博士、魏剑博士、欧阳海波博士、黄敏博士、张雨雷博士、和永岗博士、王鹏云博士、李新涛博士和李正佳博士等的无

[①]　$T=t+273.15K$。

私帮助，在此对他们表示深深的感谢！

　　渭南师范学院王君龙教授、黄强教授，陕西铁路工程职业技术学院王闯教授，西安理工大学石振海博士对全书的实验和写作也给予了极大的帮助和支持，在此一并致谢！

　　本书的出版得到了陕西省科技厅科研项目（2013JM2014）、渭南师范学院学科项目（14TSXK04）以及渭南师范学院 2015 年学术著作出版基金联合资助。

　　鉴于作者水平有限，书中难免有不足之处，恳请读者批评指正！

作　者

2015 年 6 月 8 日于渭南师范学院

目　　录

第1章 绪 论

1.1 引 言

1.1.1 C/C复合材料的发展

材料科学是现代科学技术的三大支柱领域之一。目前复合材料研究在材料科学领域中占据着举足轻重的地位。以20世纪40年代玻璃纤维增强塑料(俗称玻璃钢)的诞生为标志,近60年来,随着新型增强材料的不断出现和复合技术的不断进步,聚合物基、金属基、陶瓷基、碳基等复合材料相继出现,并正以前所未有的速度向前发展。这些复合材料以其自身所特有的优异性能,已经在各个学科领域中起着主要作用,特别在航空、电子、机械、汽车等重要工业体系以及人们的生活中应用更为广泛,当前,其应用空间仍在迅速扩展。由此预测,21世纪复合材料将迅猛发展,并且广泛应用,甚至有复合材料代替合成材料的趋势[1]。

复合材料的使用历史可以追溯到古代。从古至今沿用的稻草或麦秸增强黏土和已使用上百年的钢筋混凝土均由两种材料复合而成。20世纪40年代,因航空工业的需要,发展了玻璃纤维增强塑料,从此出现了复合材料这一名称。50年代以后,陆续发展了碳纤维、石墨纤维和硼纤维等高强度和高模量纤维。70年代出现了芳纶纤维和碳化硅纤维。这些高强度、高模量纤维能与合成树脂、碳、石墨、陶瓷、橡胶等非金属基体或铝、镁、钛等金属基体复合,构成各具特色的复合材料。

实际上,人们对复合材料并不陌生,像竹子、贝壳、牙齿、骨骼、皮肤等都属于典型的天然复合材料,而本书所介绍的复合材料主要是指20世纪40年代发展起来的现代复合材料。

根据国际标准化组织(ISO)规定,复合材料是指"由两种或两种以上物理和化学性质不同的物质组合而成的一种多相固体材料"。各种材料在性能上互相取长补短,产生协同效应,使复合材料的综合性能优于原组成材料而满足各种不同的要求[2,3]。

复合材料是由连续的基体相和分散的增强相按一定的复合方式共同组成。基体相在结构复合材料中主要起使增强体彼此黏结起来予以赋形并传递应力和增韧的作用；增强相属于分散相，主要起承受载荷的作用。因此，由构成复合材料的三要素：基体相、增强相、复合方法协同组成了复合材料。

复合材料的基体材料分为金属和非金属基体两大类。金属基体常用的有铝、镁、铜、钛及其合金；非金属基体主要有合成树脂、橡胶、陶瓷、石墨、碳等。增强材料主要有玻璃纤维、碳纤维、硼纤维、芳纶纤维、碳化硅纤维、石棉纤维、晶须、金属丝和硬质细粒等。复合材料的特点主要体现在两个方面：其一是各组员在性能上有"协同作用"，它不仅能保持原各组分的优点，而且产生原组分所不具备的新性能；其二是具有可设计性。

复合材料往往具备多种优良的性能，如刚度大、强度高、质量轻、耐腐蚀、耐高温、抗疲劳等，这些特点都是单一材料所不及的。

碳/碳（C/C）复合材料是 20 世纪 60 年代后期发展起来的一种新型高温结构材料。它是以碳纤维为增强相的碳基复合材料。该材料密度小，理论密度为 $2.2g/cm^3$，具有碳材料所具有的热性能，如低热膨胀系数、高热导率、高气化温度和良好的热震性能，同时在高温下还具有优异的力学性能，如高比强度、良好的断裂韧性和耐磨性能。其强度随温度的增加不降反升的性能，使其成为最有发展前途的高技术新材料之一[4,5]。

C/C 复合材料的发现来自一次偶然的实验[6]。1958 年，美国CHANCE-VOUGHT 航空公司实验室测定碳纤维增强酚醛树脂中的碳纤维含量，由于实验过程中的失误意外得到了碳基体。通过对碳化后的材料进行分析，并与美国联合碳化物公司共同经过多次实验发现得到碳纤维增强碳基体复合材料，该材料具有一系列优异的力学和高温性能，是一种结构新型的复合材料。

由于受 C/C 复合材料致密化工艺和高温抗氧化技术的限制，该复合材料在起初的 10 年间发展较为缓慢[7,8]。C/C 复合材料的真正研究开始于 20 世纪 60 年代初期，特别是 1962 年日本碳公司研制出聚丙烯腈基碳纤维（PAN-CF），1963 年日本大谷杉郎研制出沥青基碳纤维后，有力地推动了碳纤维和 C/C 复合材料的发展。1965 年左右，美国一家公司发展了一种新型高温材料，称为增强热解石墨（PRG），其在宏观上是各向同性的，因而可消除一般热解石墨存在的易于分层现象及残余应力的弊端，作为大型高温结构材料的使用引起人们的重视。1968年，美国就将 C/C 复合材料作为火箭喷管等抗烧蚀材料。1974 年，英国 Dunlop 公司首先利用化学气相沉积法制备的 C/C 复合材料用于"协和号"飞机的刹车系统并获得成功[9]，开辟了 C/C 材料在航空上应用的新纪元。1973 年，美国开始研究航天飞机头部及机翼前缘采用的带有涂层的 C/C 复合材料，从而开始了抗氧化 C/C 复合材料的研究。70 年代中期，C/C 材料坯体的编织技术、成型技术、复合技术等方面已经有了长足的进展。到 80 年代，复合材料的致密化工艺逐渐完善并在快速致密化工艺方面取得了显著进展。同时 C/C 复合材料在生物材料、冶金炉材料、核能材料等方面有了新的突破。目前的研究内容主要包括[10]：预制体织物的结构设计及多向织物加工技术；C/C 复合材料致密化工艺及其对性能的影响，如等静压、化学气相沉积（CVD）；而性能方面则注重于抗氧化性能的提高及高温强度的研究。此外，各种功能的 C/C 复合材料引人注目，如桑迪亚实验室研制一种蜂窝状 C/C 复合材料，具有质量轻，强度高和隔热性能良好的优点。同时因为 C/C 复合材料密度与人体的骨骼密度相仿，化学稳定性好，与肌肉组织有良好的生物相容性，在医学领域也开始研究[11-13]，并得到一些应用[14]。

1.1.2　C/C 复合材料在应用中存在的问题

C/C 复合材料具有诸多优点，但是碳材料的高温氧化问题却一直限制着其进一步应用[15,16]。未作抗氧化处理的 C/C 复合材料在温度 643K 的含氧气氛中就开始氧化，根据材料的不同，初始氧化温度也有所差异。一般地，材料的石墨化度越高，初始氧化温度越高。例如，活性炭的氧化温度不到 673K，高纯石墨在 773K 以上才开始氧化，而且氧化速率随着温度的升高而迅速增加。因此，未作抗氧化处理的 C/C 复合材料在高温氧化环境中应用时将会引起灾难性的后果[17]。所以研究其氧化机理及抗氧化防护成为 C/C 复合材料作为高温结构材料应用的关键。有研究表明，C/C 复合材料氧化失重 1%，材料的强度要降低 10% 以上。另外 C/C 复合材料生产成本高，价格昂贵，因氧化造成材料的过早失效在经济上也是极大的损失。因此，为了开发出性能优异的高温材料，提高碳材料的抗氧化性是有待于解决的一个重要课题[18]。

1934 年美国国家碳材料公司（National Carbon Co.）发表了专利，提出用表面涂层法来保护高温下使用的碳制品。20 世纪 40 年代和 50 年代，冶金工业中多晶石墨电机的抗氧化处理方面也有大量的研究。到了 60 年代，研究的重点则集中于火箭和导弹的再入系统的石墨材料的抗氧化及烧蚀研究[19]。C/C 复合材料的抗氧化处理则开始于 70 年代初期，人们首次成功研制出了宇宙飞行器端部 C/C 的氧化防护体系。经过二十多年的努力，C/C 复合材料抗氧化技术得到了不断地完善和发展。

1.1.3　C/C 复合材料的氧化机理

C/C 复合材料在含有 O_2、CO_2 和水的空气中发生的氧化行为与石墨非常类似，无论是碳纤维还是碳基体，都易形成 CO 或 CO_2 而被氧化[20]。发生反应的化学反应式为

$$C(s) + CO_2(g) \longrightarrow 2CO(g) \qquad (1\text{-}1)$$

$$C(s) + H_2O(g) \longrightarrow CO(g) + H_2(g) \qquad (1\text{-}2)$$

$$2C(s) + O_2(g) \longrightarrow 2CO(g) \qquad (1\text{-}3)$$

$$2CO(g) + O_2(g) \longrightarrow 2CO_2(g) \qquad (1\text{-}4)$$

式(1-1)～式(1-4)甚至在氧分压很低的情况下仍然可以进行，氧化速率与氧气分压成正比[21]。

C/C 复合材料的氧化过程是从气体介质中的氧流动到材料边沿开始的。反应气体首先被吸附到材料表面，通过材料本身的空隙向内部扩散，以材料缺陷为活性中心，并在杂质微粒（Na、S、K、Mg 等）的催化下发生氧化反应，生成 CO 和 CO_2。最后，生成的气体从材料表面脱附[22]。

试验表明，C/C 复合材料的氧化侵蚀易发生在纤维/界面的高能区域，即纤维和基体界面的许多边沿点和多孔处，逐渐伸延到各向异性基体碳、各向同性基体碳、纤维的侧表面和末端，最后是纤维芯部的氧化[23,24]。

Kowbel 等[1,19]提出了碳素材料的氧化机理，其氧化过程可分为三

个阶段：① 氧化温度低于 873K 时，氧化过程由氧气与复合材料表面活性点的化学反应控制；②在 873～1073K 的温度内，由化学反应控制向（氧化气体的）扩散控制转变。转变温度因炭素材料的不同有较大的变化；③高于转变温度时，由氧化气体通过边界气体层的速度控制。

C/C 复合材料的氧化侵蚀在应用中又称为烧蚀。对 C/C 复合材料氧化过程的研究表明，影响其氧化失重和氧化速率的主要因素有[25]：①氧化温度；②氧化时间；③材料的组成及显微结构；④热处理温度；⑤反应气体的流量；⑥参与反应材料的表面积。这些因素都是进行 C/C复合材料抗氧化保护时应考虑的主要因素。

1.1.4 C/C 复合材料抗氧化设计思路及常用方法

C/C 复合材料的氧化过程，实质上就是氧气和碳纤维及碳基体在一定的条件下发生的一种氧化反应[26]。其过程可分为以下三步：①反应气体的扩散；②反应气体在材料表面的吸附和氧化反应；③生成气体的脱附。因此，只要采取适当的措施防止氧气进入基体扩散，或者采取一些措施来提高材料本身（包括基体和碳纤维）的抗氧化性，就可以有效地保护 C/C 复合材料。

于是提出了两种抗氧化方法[27]：基体改性法和抗氧化涂层法。

1. 基体改性技术

基体改性法就是通过适当的方法对组成 C/C 复合材料的碳纤维和基体进行改性，使其具有一定的抗氧化性。它可分为两种方法，即纤维表面涂层法和基体添加抑制剂法。其中基体添加抑制剂法是常用的一种方法。

1) 纤维表面涂层法

研究表明，C/C 复合材料的氧化主要集中在碳纤维和基体的界面处。因此，只要在此处涂覆一层隔绝层，切断氧的扩散就可达到抗氧化的目的，这就是纤维表面涂层法。

在纤维表面沉积 B-C、Si-B-C、Si-C 等涂层，再进行高温致密化。材料被氧化时，B 和 Si 先于碳氧化，生成玻璃态的 B_2O_3、SiO_2，起到了保护纤维和基体的作用[28]。

2) 基体添加抑制剂法

基体添加抑制剂法是在基体中加入氧化抑制剂，在高温氧化后反应形成具有自愈合功能的玻璃态固熔体保护膜，起到隔绝氧气的作用。

在 C/C 复合材料基体中加入的抑制剂主要有硼化物（B_2O_3、B_4C、ZrB_2、BN）、硅化物（SiC、Si_3N_4、SiO_2）。硼氧化后形成 B_2O_3，B_2O_3 具有较低的熔点和黏度，因而在碳和石墨氧化的温度下，可以在多孔体系的 C/C 复合材料中很容易流动，并填充到复合材料内连的孔隙中去，起到内部涂层作用，既可阻断氧继续侵入的通道，又可减少容易发生氧化反应的敏感部位的表面积。硅化物氧化后生成 SiO_2，它在氧化温度高于 1473K 时，黏度适中，可有效的流动进入裂纹，防止下面基体的氧化。

基体改性技术的添加剂选择要满足一定条件[29]，这些条件包括：①与基体碳之间具备良好的化学相容性；②具备较低的氧气、湿气渗透能力；③不能对氧化反应有催化作用；④不能影响 C/C 复合材料原有的优秀机械性能。

Lavruquere 等[30] 用化学气相沉积法 （chemical vapor deposition，CVD） 在碳纤维上沉积一层 B-C 和 Si-C 等后，再用化学气相渗透法 （chemical vapor infiltration，CVI） 高温碳致密化，C/C 复合材料的抗氧化性能明显提高。崔红等[31] 用液相浸渍法在基体中添加了 ZrC 和 TaC。研究表明，碳化物在基体中分布均匀，与基体结合良好，有过渡界面层，颗粒小于1.0 μm，具有良好的抗氧化烧蚀作用。闫桂沈等[32] 采用 Ti、W、Zr、Ta 为添加剂，以 Co、Ni 为助烧结剂，以 $TiCl_4$、$ZrOCl_2$ 为助碳化剂，在基体中生成多元金属碳化物，形成一种多层次梯度防护体系，较大幅度地提高了材料的抗氧化性。朱小旗等[33] 在 C/C 复合材料基体中加入 ZrO_2、B_4C、SiC、SiO_2。结果表明，ZrO_2、B_4C、SiC、SiO_2 的加入，大幅度地降低了复合材料的烧蚀率，提高了其抗氧化性能。罗瑞盈等[34] 采用在坯体中加入陶瓷微粉，快速 CVD 新途径制备了高抗氧化 C/C 复合材料，其氧化起始点温度比未加入的材料提高了 487K，氧化失重也较小。Park 研究了添加 $MoSi_2$ 对 C/C 复合材料氧化行为的影响，发现添加 $MoSi_2$ 后的 C/C 复合材料在温度 1073 K 以上的抗氧化性能得到极大的改善[35]。

但是在 C/C 复合材料基体中加入抑制剂后，会引起材料力学和热学性能的下降。同时在高温下，硼酸盐类玻璃形成后具有较高的蒸气压及氧的扩散渗透率，因此这种方法只限于 1273 K 以下的抗氧化保护。要实现温度高于 1273 K 的抗氧化保护，涂层技术是最佳的选择[36]。

2. 表面抗氧化涂层技术

抗氧化涂层法是在制得的 C/C 复合材料表面合成耐高温抗氧化材料的涂层，阻止氧与 C/C 复合材料的直接接触，阻挡氧气在材料内部的扩散，从而达到高温氧化防护的目的。它是一种十分有效、常用的提高 C/C 复合材料抗氧化能力的方法，可以大幅度提高 C/C 复合材料在氧化环境下的使用温度和寿命。抗氧化涂层必须具有以下特性[37-39]：

（1）涂层系统必须能够有效地阻止氧的侵入。它既要有一个低的氧气渗透率，同时尽量减少涂层中的缺陷数目，保证涂层材料的均匀性。

（2）涂层也要能阻挡碳的向外扩散。尤其对含有氧化物的涂层，因为氧化物易被碳还原。

（3）涂层与基体、涂层之间要有较高的黏结强度。这需要涂层具有好的润滑性能和选择合适的工艺途径。

（4）涂层与基体、涂层之间必须保证机械相容性和化学相容性。在升、降温度时，涂层与基体、涂层之间不能相互反应而分解或生成新相，或发生相变引起体积变化。

（5）涂层与基体、涂层之间的热膨胀系数(CTE)尽可能匹配，以避免涂覆和使用时因热循环造成的热应力引起涂层出现裂纹，甚至剥落。

（6）为防止涂层的挥发，涂层材料要有低的蒸气压。

（7）考虑到实际的使用环境，涂层要具有一定的机械性能，可承受一定的压力和冲刷力。

另外，也要考虑涂层的耐腐蚀性能（耐酸、碱、盐及潮湿气体的侵蚀等）。设计抗氧化涂层时应考虑的因素见图 1-1[40]所示。

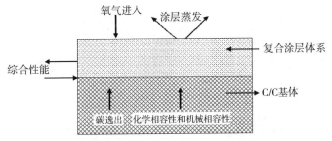

图 1-1 设计抗氧化涂层体系时应考虑的因素

1.2　C/C复合材料涂层类型

C/C复合材料的CTE极低,且在不同的方向上并不相同[41,42]。一般的涂层材料,即使是CTE较低的SiO_2,CTE也是C/C复合材料的数倍。这就会造成在热震条件下,由于涂层和基体CTE不匹配,导致其内部产生较大的应力,使涂层出现裂纹,进而使之失效。

在实际应用中,往往用两种方式来缓解和补救涂层与基体之间CTE的差异。一是采用梯度涂层;二是在C/C复合材料内部引入硼或含硼抑制剂。所谓梯度涂层是指采用固渗法等方法,通过渗透物质向C/C复合材料表层适当扩散,在C/C表层形成一定浓度梯度的涂层。而硼或硼化物类抑制剂在氧化后形成硼酸盐类玻璃物质,在高温下可以起到封闭涂层的裂纹和裂缝作用,即具有自愈合作用,从而阻止氧从涂层裂纹或裂缝中渗入。C/C复合材料抗氧化涂层的类型可分为:①单组分涂层;②多组分涂层;③多层多组分复合涂层;④多层多组分复合梯度涂层;⑤贵金属涂层等。

1.2.1　单组分涂层

单组分涂层就是在C/C复合材料的表面只涂覆一层单一的金属、氧化物、碳化物或硅化物等一种组分进行抗氧化防护。这种结构的涂层由于成分单一,难以实现较宽温度范围的抗氧化防护。

硅基陶瓷材料如SiC和Si_3N_4是比较理想的抗氧化涂层材料。通常用CVD法制备SiC和Si_3N_4涂层,沉积温度在1373K左右。由于CVD法工艺复杂且成本高,近年来发展了一些低成本的替代工艺[43]。Wu研究的扩散烧结工艺,利用液态Si与C/C表层碳在1873K下的扩散反应制备SiC涂层[44]。Chen等发展了反应烧结工艺。该工艺是将适量硅粉与环氧树脂混合并涂覆在C/C基体上得到预涂层,利用预涂层中硅粉与2073K烧结温度下环氧树脂热解所得到碳的反应制备SiC涂层[45]。

1.2.2　多组分涂层

由两种或多种成分形成的涂层称为多组分涂层,它可在较宽的温度范围内进行氧化防护。为了克服由于CTE差异在热震条件下造成的破坏，设计涂层时，要具有一定的自愈合能力。

Jashi 和 Lee 用熔浆法合成了 Si-Hf-Cr，Si-Zr-Cr 涂层，抗氧化温度可达 1873K[46]。成来飞用液态法制备了 Si-Mo[47]、Si-W[48,49] 涂层，在 1573K 以下具有长时间的抗氧化能力。曾燮榕等制备出了 MoSi$_2$、SiC 的双相结构的抗氧化涂层，在 1773K 以下具有可靠的长时间防护能力[50]。

1.2.3 多层多组分复合涂层

复合涂层的设计概念是把功能不同的抗氧化涂层结合起来，让它们发挥各自的作用，从而达到更满意的抗氧化效果[51]。由内而外依次为：①过渡层，用以解决 C/C 复合材料基体与涂层之间 CTE 不匹配的矛盾；②碳阻挡层，防止碳向外扩散；③氧阻挡层，防止氧向内扩散；④封填层，提供高温玻璃态流动体系，愈合阻挡层在高温下产生的热膨胀裂纹；⑤耐腐蚀层，防止内层在高速气流中的冲刷损失、在高温下的蒸发损失，以及在苛刻气氛里的腐蚀损失。

这种五层结构的设计构思被认为是唯一适合 2073K 以上抗氧化防护的涂层技术。在应用方面，黄剑锋等用包埋法制备了 Al$_2$O$_3$-mullite-SiC-Al$_4$SiC$_4$[52]、Al$_2$O$_3$-mullite-SiC[53] 多组分涂层，在 1773K 和 1873K 温度下有较强的抗氧化能力。付前刚在 C/C 复合材料上制备了双层 SiC/玻璃涂层[54]，抗氧化性能良好；又用两步包埋法制备了 CrSi$_2$-SiC 涂层，在 1773K 温度下氧化 34h 后，氧化失重为 4.15%[55]。Takuya 用 CVD 法制备了 C/C 复合材料 SiC/C 多层抗氧化涂层[56]。Schulte-Fischedick 等[57] 分别用 CVD 和真空等离子喷涂（vacuum plasma spraying，VPS）制作了内层为 SiC-B$_4$C-SiC，外层为堇青石（cordierite）的抗氧化涂层。到目前为止，各国研究者还在进行着有关抗氧化材料的选择、组合方式、性能匹配的探索性研究，已产生了碳化硅内层/耐火氧化物陶瓷外层的基本结构。

1.2.4 多层多组分复合梯度涂层

为了缓和材料内部的热应力和减少涂层裂纹的产生，常常在 C/C 复合材料的表面形成多层涂覆性的梯度功能材料涂层[58]。从里向外，一种或多种组分（如金属、陶瓷、纤维、聚合物等）的结构，物性参数和物理、化学、生物等单一或综合性能都呈现连续变化。这种连续变化，消除了界面的影响，使梯度涂层和基体的结合强度增大，抗热震性能好，不易产生裂纹和从基体剥离，是 1773～2073K 首选的抗氧化涂层技术。

黄剑锋等用包埋法和溶胶-凝胶法制备了 SiC 内层、梯度 ZrO_2-SiO_2 外层的多组分复合梯度涂层，在 1773K 下，氧化 10h，失重率仅为 1.97%[59]；又用包埋法、喷涂法、烧结法制备了 SiC/SiO_2-Y_2O_3/玻璃的多层复合梯度涂层，在 1773K 下，氧化 164h，失重率为 1.65%[60]。Cairo 等也用包埋法制备了 SiC-B_4C 梯度涂层[61]。曾燮榕等用高温浸渍法制备了内层为 SiC，外层为 $MoSi_2$-SiC 的梯度涂层，在温度 1873K 以内具有稳定、可靠的长时间氧化防护能力[62,63]。Sekigawa 等用 CVI 方法制备的 Zr-BN 梯度涂层，内层 ZrC-C 呈梯度变化，外层为 ZrC-BN 复合涂层，可用于 1773K 以上的抗氧化[64]。

1.2.5　贵金属涂层

金属铱有较强的抗氧化性，熔点为 2440℃，直到 2100℃时氧气的扩散渗透率都很低，到 2280℃也不和碳发生反应。铼有一定的塑性，零空隙，同碳的兼容性好。报道显示，开发的铱/铼功能梯度复合涂层体系在温度 2200℃以上的寿命可达几十到几百小时[23]。但由于铱容易被侵蚀，价格昂贵及与基体的热膨胀系数不匹配问题，其应用受到一定的限制。日本人研制的 LaB_6 抗氧化涂层，其抗氧化能力可延续到 2000℃[65]。

1.3　C/C 复合材料抗氧化涂层的制备工艺

航空航天领域所用零件需要承受高温度、高速气流和高压力三方面因素的影响。根据使用环境的要求，C/C 复合材料的氧化防护可分为短时间瞬时防护和长时间多周期防护[28]。使用的场地环境不同，对防护层的要求不同，其制备工艺也不同。目前常用的 C/C 复合材料抗氧化涂层的制备方法主要包括化学气相沉积法、浸渗法、涂刷法、等离子喷涂法、溶胶凝胶法（Sol-Gel）、电子束喷涂法、电化学涂层。

1.3.1　化学气相沉积法

CVD[66]是一种最常用的制备 C/C 复合材料抗氧化涂层的方法，它可以精确控制涂层的化学组成、结构和沉积速率，所沉积涂层物质的范围广，既可得到玻璃态物质，又可获得完整和高纯的晶态物质涂层。CVD 最早用于半导体薄膜制备，后来逐渐推广到材料制备领域。不同 CVD 体系采用不同的化学反应，可制备多种物质薄膜，目前主要有 SiC、Si_3N_4、BN、ZrC 和 TiC 等[67]。

例如采用 $HSiCl_3$、CH_3SiCl_3、CH_3SiH_3 和 $(CH_3)_3SiH$ 等含硅化合物，在氢气气氛中，1273~1873K，调整各原料气的比例来改变沉积产物的 Si∶C 比值，可得到硅含量为 80%~90% 的富硅 SiC 抗氧化涂层[68]。Kim 等采用低压化学气相沉积(LPVCD)，以 CH_3SiCl_3-C_2H_2-H_2 为原料，分别在 1373K 和 1573K 制备了 C/C 复合材料 C/SiC 功能梯度涂层[69]。成来飞等也用低压化学气相沉积法(LPVCD)在 C/C 复合材料表面制备了梯度 C-SiC 涂层[70]。

CVD 法的优点是能在较低的温度下(1173~1473K)进行涂层的制备，可以通过改变反应气体成分、浓度，进行组分、结构设计。并且可制备形状复杂、纤维体积分数高的部件，部件内部的残余应力小，纤维几乎不受损伤。CVD 工艺容易实现商业化生产。CVD 法的缺点是涂层与基体结合力弱、容易脱落。

另外，李瑞珍等[71]采用硅蒸汽与碳直接反应的化学气相反应法(CVR)制备了 C/C 复合材料 SiC 涂层，在 1433K 经 65min 氧化，失重为 2.6%。

1.3.2　浸渗法

根据浸渗中扩散介质的不同，浸渗法可以分为固态浸渗法（固渗法或包埋法）和液态浸渗法。工艺上将碳材料试件置于液态或固态介质中，实现扩散反应，最终在试件表面形成涂层。

固渗法是采用低熔点物质和高熔点物质混合配料，在一定温度下进行热处理，通过扩散反应在试件表面形成涂层。其中以固体扩散为主，伴有少量液体扩散加快反应速度。以金属硅和 SiC 等作为渗料，在氩气保护下，于 1873~2273K 条件下对 C/C 复合材料进行高温固渗法处理。所得涂层由 SiC 及少量 Si 构成，涂层厚度控制在 $100\mu m$ 左右，在 1573~1773K 的静止空气中对 C/C 复合材料可提供长时间的防护能力[72]。固渗法的优点是涂层后试件容易与渗料分离，涂层均匀。

通过调整反应时间，可以控制涂层厚度。缺点是反应温度高，受到加热体体积、容器限制，难以对大尺寸试件进行涂层。

液态浸渗法[73]可分为高温浸渗和常温料浆浸渍两种。

高温浸渗是将浸渗料加热到其熔点温度，使其熔融，浸涂于试件表面。这就要求涂层物质与试件具有近似的 CTE，涂层物质与试件材料有一定的化学结合力，否则涂层强度不足，容易脱落。在一定温度下，用熔融 Si 对多孔 C/C 复合材料进行浸渗处理，使 Si 与 C 发生反应生成 SiC 涂层。在反应过程中，熔融 Si 与碳纤维反应，浸蚀纤维使其性能降低，同时材料中不可避免地会有一定量的残余 Si 存在。在 1873K 和 2173K 下，分两步用 Si、C、SiC 和 Al_2O_3 渗料高温固渗制备 SiC 抗氧化涂层，可获得良好的防氧化性能，在 1773K 氧化 310h，失重率为 $0.9 \times 10^{-5} g/(cm^2 \cdot h)$[74]。其优点是由于高温化学反应，能够保证良好的涂层与基体界面结合强度。且涂层在高温形成，在高温环境使用，结构基本稳定。缺点是为了保证良好的化学结合，涂层和材料之间的化学反应会使材料的强度和力学性能下降。但是有时以少量材料性能下降为代价，换来良好的使用效果是值得的。这种方法可以利用相图调整涂层原料成分和反应温度来优化工艺和组分。

常温料浆浸渍是配制一定的溶液料浆，浸渍或涂刷在碳材料表面，烘干后可以形成一定的涂层。碳布或石墨在硅酸乙酯溶液中浸渍几分钟后，再浸入加有盐酸的无水丙酮中，形成乙基硅酸盐，加水分解，可形成 SiO_2 涂层；浸渍硼酸和尿素的混合物，并热处理到 1273K 左右，在纤维表面形成 BN，涂层与基体结合牢固，抗氧化性能也大幅度提高。用高铝硅酸盐玻璃和 SiC 混合配料、涂刷，573K 烘干、氮气中 1673～1873K 熔烧，形成高铝硅酸盐-玻璃涂层，使 C/C 复合材料在承受 1673K、20h 氧化后，失重仅为 0.60%[63]。利用 Ti、Th、Mo、Zr、Ni 等的配位化合物、氧化物溶液浸渍，并进行热处理，在碳布、碳纤维表面能够均匀形成相应的碳化物涂层，氧化性能良好[67]。常温料浆浸渍的优点是低温涂刷、浸渍，工艺简单，容易操作，并且可以人为控制结构，每一层均可以很薄，容易实现多层、梯度涂层。常温料浆浸渍的缺点是热震性能差、需要热处理以保证界面结合强度。固渗法和常温料浆涂刷法混合使用可以达到较好的使用效果。

1.3.3　涂刷法

涂刷法[75]是涂层制备中最简单的一种工艺。该方法的工艺原理是先将涂层材料制成符合一定条件的粉料后与溶剂混合制成粉料的料浆，加入适当的分散剂和黏结剂，经充分搅拌后均匀地涂刷于基体表面或将基体浸渍到料浆中形成涂层，然后在一定的温度下烘干，如有必要，再次进行涂刷，直到达到要求的厚度。最后将试件在惰性气氛下高温处理，使涂层和基体更好的结合。

这种方法的优点是涂层工艺较为简单，操作方便，涂层的厚度较易控制。不足之处是涂层与基体材料的结合性较差，涂层的均匀性不易控制，致密性很难达到要求，涂层的综合性能不好，仅仅用于相对较低温度下的抗氧化防护。方海涛等[76]利用此方法在 C/C 复合材料表面制备了 Si-Mo 熔浆涂层，结果表明，该涂层具有 1673K 下长时间的抗氧化能力。而 Joshi 等制备的 Si-Hf-Cr、Si-Zr-Cr 熔浆涂层可以将抗氧化温度提升到 1873K[77]。

1.3.4　等离子喷涂法

将高频磁场从普通石英管外的感应线圈耦合到管内的气流上，无电极放电，产生等离子体，可以在试样表面喷涂形成涂层。其优点是采用无电极放电，电场物质不会混入到等离子体中形成杂质，并且可以使用各种反应性气体。但是，无电极对其他的干扰很敏感，而能引入的反应物数量十分有限。采用高频等离子化学气相沉积法，将各种金属氯化物和 CH_4 等混合，注入等离子体中，以甲基氯硅烷为原料，可获得高纯度的 SiC 涂层。

等离子喷涂处理法的特点是气-固相反应无污染，处理时间比较短，可以通过不断调整原料成分，实现成分梯度过渡。但等离子体的产生需要一定的真空环境，设备复杂。

将等离子喷涂与固渗法结合，利用等离子技术在 SiC 固渗涂层表面喷涂形成氧化物薄层，制备复合涂层可使试件 1773K 氧化 10h 后的氧化失重小于 1.0%[78]。日本科学家 Ogura 等用大气等离子喷涂法制得的非氧化物陶瓷涂层，如 Y_2SiO_5 具有很好的抗氧化效果[79,80]。黄剑峰等[81]采用等离子喷涂法在 SiC-C/C 复合材料上制备了 $2SiO_2 \cdot Y_2O_3/$

$1.5SiO_2 \cdot Y_2O_3 / SiO_2 \cdot Y_2O_3$ 抗氧化涂层，该涂层可在 1773K 下保护 C/C复合材料达 73h。

1.3.5　溶胶-凝胶法

利用溶胶-凝胶法制备涂层的方法是：首先将金属醇盐溶于有机溶剂中，然后加入其他组分，制成均匀溶液，在一定的温度下反应，由溶液转变为溶胶、凝胶，再将凝胶干燥、热处理和烧结，使之转变成玻璃和陶瓷以及其他无机材料，制造成抗氧化涂层[82]。

这种方法的特点是涂层均匀，便于有机合成，低温合成，高温使用。Stuecker 用 CMZP(磷酸锆镁钙)，采用溶胶-凝胶法制备了可在 1073K 以下使用的抗氧化涂层[83]。黄剑锋用溶胶-凝胶法制备了 ZrO_2-SiO_2 梯度涂层，抗氧化性能也较好[59]。日本科学家 Yamamoto 采用 $Zr(OC_4H_9)_4$ 和 $Si(OC_2H_5)_4$ 等为前驱体，采用溶胶-凝胶法在 SiC 涂层表面制备了厚度约为 $1.5\mu m$ 的硅酸锆涂层，试样在 1673K 下的氧化失重较小，且具有很强的抗热震能力[84]。而 Stuecker 等[85] 制备的 Al_2TiO_5 涂层只能应用于较低温度下的抗氧化保护，该涂层的 C/C 复合材料在 1073K 的空气中氧化 90min 后，失重仅 0.8%。

1.3.6　电子束喷涂法

电子束喷涂是使用电子枪溅射涂层物质，使其蒸发后沉积在零件上，通过零件的自转和公转，实现沉积涂层的均匀性。与等离子喷涂相比，不存在电场和氮气，蒸发物质毫无阻挡，大部分凝固于零件表面，蒸发涂层不开裂。

电子束法的涂层质量好于料浆法、扩散法，因为致密、孔隙率低，在喷气式发动机上承受气体的腐蚀时间长。与渗铝、电镀、扩散、CVD 相比，电子束涂层的性能高出 24~130 倍，热疲劳性能好。

文献报道，Roos 等[86] 在 SiC-C/C 材料和镍基合金上用电子束喷涂了(Cr-Al)双层涂层。Zhu 等[87] 先在二维 C/C 复合材料的表面喷涂硼离子，然后再用化学气相沉积法(CVD)沉积 $50\mu m$ 的 SiC。和直接的 CVD-SiC 涂层相比，这种中间有碳化硼的材料具有较低的氧化失重。但只能应用于 1573K 下短期抗氧化。

1.3.7 电化学涂层

根据涂层物质的电化学性能差异，利用电化学的方法，在 C/C 材料表面可以形成涂层，在碳纤维表面电镀金属铜、镍涂层改善纤维的浸润性，形成金属-碳特种陶瓷。电化学方法制作的涂层均匀，而且容易实现自动控制。但是，因为体系开放，对环境有一定的污染。

Damjanovi 等用电化学沉积法在 SiC-C/C 材料上进行了莫来石涂层的沉积研究，涂层在 $1573 \sim 1773K$ 等温氧化试验中可持续将近200h。和溶胶-凝胶法相比，抗氧化性能有极大的提高[88]。

此外，Santon 和 Snell 等将激光技术引入涂层制备工艺[89,90]，但是他制备的 SiC、Ir 等涂层的结构和性能尚不能达到较好的效果，在这一方面，还需要更进一步的研究。

1.4 目前研究现状及今后研究方向

1.4.1 目前研究现状

经过近 30 多年的研究，C/C 复合材料抗氧化研究取得了很大的突破。温度低于 1773K 的长期抗氧化及 $1773 \sim 2073K$ 的短期抗氧化问题已基本上得到解决。目前研究的方向是 $1773 \sim 2073K$ 的长期抗氧化及温度高于 2073K 的抗氧化涂层体系[91,92]。

1. 低于 1773K 的抗氧化涂层研究

温度低于 1773K 的抗氧化涂层技术主要利用了硼玻璃和硅玻璃的裂纹愈合功能和硅玻璃低氧渗透特性[93]。硅的化合物是优良的氧化阻挡层和碳的扩散阻挡层，研究人员对 SiO_2、SiC、Si_3N_4、$MoSi_2$、$HfSi_2$、$TaSi_2$、Y_2SiO_4 和 $ZrSiO_4$ 等硅化物复合涂层以及与它们氧化物和碳化物的复合涂层进行了大量研究。其中 SiC 和 Si_3N_4 的研究和应用最广。

以碳化硅为抗氧化涂层的底层，是很好的阻挡层。二氧化硅为碳化硅表面氧化后的产物，可以形成一层致密的氧化物膜。玻璃质的 SiO_2 在一定温度下具有流动性，可以密封 Si 涂层的裂纹起到自愈合作用，阻止材料进一步氧化，从而起到保护作用。二氧化硅的蒸气压在

1873K 以下都较低，但在 1873～2073K 内迅速升高，使涂层的消耗大幅度的加快。在此温度下二氧化硅的流动性太强，对氧的溶解能力加大，涂层试样的通透性增加，同时二氧化硅在高温下与氧反应生成气态的一氧化硅，使涂层失效。因而碳化硅涂层理想的使用范围为 1873K 以下。

SiC 涂层的制备方法一般有 3 种：①CVD[94]法，即以三氯甲基硅烷(CH_3SiCl_3)为原料，以氢气和氩气为载流气体和稀释气体，在一定温度下热解沉积，在 C/C 材料表面生成 SiC 涂层，表面密封层则采用氧化硅，由正硅酸四乙酯(TEOS)水解生成；②包覆法或固渗法[95]，即以 Si 或 SiC 粉将 C/C 试样包覆在容器中，然后进行高温处理，在一定温度下 SiC 会扩散至 C/C 试样表面，或 C/C 材料表面的 C 与 Si 反应生成 SiC 涂层；③浸硅法[96]，即将试样浸入液态硅中，在 C/C 材料表面获得一层均匀的硅，随后经高温反应生成 SiC 涂层。

当温度低于 1473K 时，SiO_2 的黏度太高，无法发挥裂纹密封功能。这时应用硼化物比较合适，其被氧化生成玻璃态的 B_2O_3 具有自愈合能力。但当温度高于 1773K 时，B_2O_3 易被碳还原生成 B_4C 和 CO，同时 B_2O_3 易与水发生水解反应。因此含有硼玻璃的复合涂层使用温度限于 1773K 以下，使用环境尽量干燥无水。例如，国内杨尊社等研制的磷酸盐与硼系玻璃涂层，具有 1073K 下的抗氧化能力[97]。

2. 1773～2073K 的抗氧化涂层研究

目前，实现 1773～2073K 的短期抗氧化，应用的大都是不含硼的硅基复合涂层或功能梯度涂层。如 C/SiC/SiO_2、C/SiC/Si_3N_4、C/SiC/Si/Si_3N_4、C/ZrC/SiC、C/HfC/SiC 梯度涂层，都实现了 1773～2073K 的短期抗氧化目的[98]。

黄敏用包埋法制备的 SiC 涂层较为致密，可在 1773K 下对 C/C 复合材料有效保护 22h[99]。曾燮熔以 $MoSi_2$、SiC 和 Si 等为浸渗料，在 1873～2273K 进行高温浸渗处理，使碳/碳复合材料表层无定形碳转化为 SiC，孔隙被 $MoSi_2$ 所填充。$MoSi_2$-SiC 复相陶瓷涂层具有 $MoSi_2$ 和 SiC 构成的双相结构，双相区中的 $MoSi_2$-SiC 相界面和 $MoSi_2$ 颗粒能抑制涂层裂纹的产生，并且在一定程度上可阻止裂纹扩展形成穿透性裂纹。作为碳/碳复合材料的抗氧化涂层，$MoSi_2$-SiC 复相陶瓷涂层系统在 1773K 以下具有稳定、可靠、长时间的防护能力，经 242h 氧化后，氧化失重仅为 0.7%[100]。Otsuka[101]制备的内层为 SiC 纤维增强 Si-C 复合材料层，外层为 CVD-SiC 层，有效解决了基体与涂层间热膨胀匹配问题，抑制裂纹的产生和扩展，将抗氧化温度提高到 2973K。Rodionova 等[102]将碳粉和 HfB_2 以及甲基纤维素混合后涂刷在 C/C 复合材料表面，之后在硅蒸气下热处理（2125K）1～3 h，得到的 HfB_2 涂层可在 2273K 下使用，在 2023K 下经过 3h 氧化后，氧化速率为 $1.18\times 10^{-4} g/(cm^2 \cdot min)$。

3. 高于 2073K 的抗氧化涂层研究

文献报道，高于 2073K 的抗氧化涂层比较少，可以见到的主要是含有贵金属 Ir、Hf、Cr 和 Y 等及其化合物的涂层，因为这些金属及其化合物熔点高，又具有较低的高温氧扩散系数，因此具有良好的高温抗氧化能力。

Sugahara 等[103]研制了可在 2173K 下短时间使用的抗氧化复合涂层。该涂层结构为 $HfC/Ir/HfO_2$，因为 HfC 与基体结合较好，而 Ir 能有效阻挡氧气的扩散，所以可在 2173K 下使用，但要长时间使用还要进一步研究。Hiroshi 等[104]研制的 Ir-C 混合层/致密 Ir 阻挡层/$SrZrO_3$（Al_2O_3）耐蚀层可在 2273K 下工作，但抗氧化时间仅为 17min，原因是层间结合不良而产生裂纹。Wang 等[65]合成的 LaB_6 抗氧化涂层的有效抗氧化效力也可在 2273K 条件下延续至 17min。Sekigawa 等[105]研制的 TiC(CVD)/Ir(CVD 或等离子喷涂)/Y_2O_3（等离子喷涂）复合涂层可在 2073K 条件下工作，并测定出在 2213K 下氧化 30min，氧化失重为 6.6%；制备的 Ir-C/Ir/Y_2O_3 涂层在 2073K 下氧化 30min，氧化失重为 3.1%，在 2213K 下氧化 30min，氧化失重达 6.0%。

1.4.2　今后的研究方向

C/C 复合材料抗氧化研究一直是 C/C 复合材料研究领域中备受关注的重要问题，但是，到目前为止，真正能够在高温下长时间抗氧化的涂层并不多，特别是超过 1973K 还能够长时间提供氧化防护的涂层更为少见。C/C 复合材料的高温氧化防护问题至今依然没有被根本解决[92]。

目前国内大多数研究者致力于新涂层体系的研究，而国外人员除采用新的涂层体系外，还不断研究新的制备工艺和新的方法，以提高涂层的抗氧化能力。关于这一问题深入研究的方向主要是将抗氧化涂层技术与基体改性技术相结合，在不牺牲 C/C 复合材料良好性能的同时，进行最佳的涂层工艺研究、开发新的涂层工艺、涂层之间及涂层与基体间的物理和化学结合研究必将成为今后研究工作的重点。此外，尽可能地提高材料抗氧化温度，延长材料使用寿命，并降低制备成本，简化合成工艺，缩短合成周期也是今后研究的方向。不断从理论上选择有效的抗氧化成分，寻找新的成分结合方式并使用恰当的涂层制备技术，将是解决这一问题的可能途径[106]。

1.5　背景及意义

C/C 复合材料目前已经在航空、航天等国防和民用领域得到广泛的应用[107]。主要的用途有飞机刹车盘及离合器摩擦片、固体火箭发动机的喷管及喉衬、再入导弹端头、航天飞机鼻锥及机翼前缘、空间能源防护罩、高温炉加热元件及结构部件、热压模具、电路导热基板、制备半导体元件等。随着 C/C 复合材料研究的发展，它必将在液体火箭推进系统、摩擦领域、航天飞行器热防护体系、太空空间站结构材料、核反应堆保护领域等方面得到广泛的应用。

在"十五"期间，C/C 复合材料各个方面的研究被列为重点研究对象，也取得了许多成绩。但到目前为止，C/C 复合材料的高温抗氧化问题并未得到彻底解决[108]。为了使 C/C 复合材料得到更为广泛的应用，并彻底解决 C/C 复合材料在高温下应用的难题——高温氧化。在"十一五"规划中，将制约 C/C 复合材料更为广泛应用的瓶颈问题——高温氧化列为研究的重点。因此，进行 C/C 复合材料高温抗氧化研究具有十分重要的意义。

1.6　本书的主要研究内容及创新成果

1.6.1　主要研究内容

C/C 复合材料的抗氧化是其作为高温结构材料使用的关键。本书针对 C/C 复合材料的高温抗氧化涂层进行了研究，主要研究了 TiC 内涂层、SiC 内涂层缺陷的形成机制及控制、Si-Mo-Ti 单层及双层抗氧化涂层、Y_2O_3、ZrO_2 等多组分涂层、Al_2O_3、Cr_2O_3 等多组分涂层，具体内容如下。

(1) C/C 复合材料 TiC 内涂层的制备、性能研究。采用对比实验法，对包埋法制备 C/C 复合材料 SiC 和 TiC 内涂层的表面形貌、断面结构进行了对比研究，制备了(SiC＋TiC)复合外涂层。

(2) 包埋法制备 SiC 内涂层缺陷的形成机制及控制研究。利用包埋法在 C/C 复合材料表面制备了 SiC 内涂层及改性涂层，从理论上探讨了涂层缺陷的形成机制，分析了改性剂对 SiC 涂层形貌和晶粒尺寸的影响。

(3) 包埋法制备 C/C 复合材料抗氧化 $SiC\text{-}MoSi_2\text{-}(Ti_{0.8}Mo_{0.2})Si_2$ 单层涂层的研究。用一次包埋法制备了 C/C 复合材料 $SiC\text{-}MoSi_2\text{-}(Ti_{0.8}Mo_{0.2})Si_2$ 复相陶瓷涂层，对其显微形貌、相组成及成分进行了观察与分析，考察并研究了带有涂层的 C/C 复合材料在 1773K 的等温氧化性能以及涂层的结构与组成对抗氧化性能的影响，阐明了涂层的抗氧化过程及机理。

(4) C/C 复合材料 $SiC\text{-}MoSi_2\text{-}(Ti_{0.8}Mo_{0.2})Si_2$ 多层高温抗氧化涂层研究。用二次包埋法制备了 SiC-C/C 复合材料双层 $SiC\text{-}MoSi_2\text{-}(Ti_{0.8}Mo_{0.2})Si_2$ 涂层。内层是 SiC 黏结层，外层是 $SiC\text{-}MoSi_2\text{-}(Ti_{0.8}Mo_{0.2})Si_2$ 双层。考察了制备的 C/C 复合材料多层高温抗氧化涂层在 1773K 有氧环境下的抗氧化性能，分析了涂层的失效机理。

(5) C/C 复合材料多组分抗氧化涂层研究。采用 Y_2O_3、ZrO_2、Al_2O_3、Si 和 C 等为原料，用涂刷法在 SiC-C/C复合材料制备 C/C 复合材料多组分抗氧化涂层。分析制备的多组分涂层的晶相组成和涂层结构，考察制备涂层在 1873K 的抗氧化性能。

(6) C/C 复合材料 $Al_2O_3\text{-}CrAl_{0.42}Si_{1.58}\text{-}SiC\text{-}Al_4SiC_4$ 多组分抗氧化涂层研究。采用两次包埋工艺，以 Si、C、Al_2O_3 和 Cr_2O_3 为第二次包埋的渗料，在 2173K 下制备出了 $Al_2O_3\text{-}CrAl_{0.42}Si_{1.58}\text{-}SiC\text{-}Al_4SiC_4$ 多组分抗氧化涂层。对涂层晶相的形成机理和氧化原理进行了分析，并考察了涂层在 1873K 的抗氧化性能。

1.6.2　主要创新成果

（1）采用对比实验法，对包埋法制备 C/C 复合材料 SiC 和 TiC 内涂层的表面形貌、断面结构进行研究，制作了(SiC+TiC)复合外涂层。结果表明，SiC 内涂层为多孔结构，涂层较厚，和 C/C 复合材料黏结牢固；TiC 内涂层较薄，和基体 C/C 复合材料黏结不牢，有局部脱落现象。制备的(SiC+TiC)复合涂层为 SiC、TiC 复相组成，涂层较厚。

（2）对包埋法制备 SiC 内涂层缺陷的形成机制及控制进行了研究。结果表明，添加改性剂后，涂层晶粒变小，涂层致密，表面未出现裂纹，断面未出现孔洞。C/C 复合材料改性涂层在 1773K 的抗氧化性显著提高。

（3）对包埋法制备 C/C 复合材料抗氧化 $SiC-MoSi_2-(Ti_{0.8}Mo_{0.2})Si_2$ 涂层进行研究。结果表明，C/C 复合材料表面 $SiC-MoSi_2-(Ti_{0.8}Mo_{0.2})Si_2$ 复相陶瓷涂层在 1773K 有氧环境下氧化 49h，失重仅为 2.18%，失重率为 $1.17×10^{-4}g/(cm^2 \cdot h)$。其抗氧化性能取决于氧在涂层中的扩散过程，涂层的失效是由于包埋时产生的局部缺陷引起的。

（4）对 C/C 复合材料 $SiC-MoSi_2-(Ti_{0.8}Mo_{0.2})Si_2$ 多层高温抗氧化涂层进行了研究。分析表明，内层是 SiC 黏结层，外层是 $SiC-MoSi_2-(Ti_{0.8}Mo_{0.2})Si_2$ 双层。制备的 C/C 复合材料多层高温抗氧化涂层在 1773K 有氧环境下氧化 9h，增重 0.16%；氧化 79h，失重仅为 1.93%；氧化 99h，失重 5.69%。涂层的失效是由于高温氧化后表面产生难以愈合的孔洞和裂纹引起。

（5）采用 Y_2O_3、ZrO_2、Al_2O_3、Si 和 C 等为原料，用涂刷法在 SiC-C/C 复合材料制备了 C/C 复合材料多组分抗氧化涂层。分析表明，制备的多组分涂层的晶相由 SiC、Al_2O_3、Y_2O_3、ZrO_2、Al_4SiC_4 和 $Y_3Al_2(AlO_4)_3$ 组成。涂层结构为网状的 SiC 被其他粒子所充填，涂层厚 500μm。制备的涂层能在 1873K 的静态空气中有效保护 C/C 复合材料 19h，氧化失重 1.76%。

（6）采用两次包埋工艺，以 Si、C、Al_2O_3 和 Cr_2O_3 为第二次包埋的渗料，在 2173K 下制备出了 $Al_2O_3-CrAl_{0.42}Si_{1.58}-SiC-Al_4SiC_4$ 多组分抗氧化涂层。结果表明，制备的 C/C 复合材料多层高温抗氧化涂层在 1873K 有氧环境下氧化 32h，增重 0.62%；氧化 49h，失重仅为 1.84%。

参 考 文 献

[1] 刘智恩. 材料科学基础. 西安：西北工业大学出版社，2003：304-310.

[2] 师昌绪. 新型材料与材料科学. 北京：科学出版社，1988：10-15.

[3] 冯端，师昌绪，刘治国. 材料科学导论. 北京：化学工业出版社，2002：1-16.

[4] 罗瑞盈，杨峥. 碳/碳复合材料研究新进展. 炭素技术，1997，(3)：36-40.

[5] 任学佑，马福康. 碳/碳复合材料的发展前景. 材料导报，1996，10(2)：72-75.

[6] Meyer R A. Overview of International Carbon-Carbon Composite Research. The 8th Annual Conference on Materials Technology, Structural Carbons. 1992：147-158.

[7] 郭正，赵家祥. 碳/碳复合材料的研究与发展. 宇航材料工艺，1995，(5)：1-7.

[8] 李崇俊，马伯信，金志浩. 碳/碳复合材料的新进展. 材料科学与工程，2000，18(3)：135-140.

[9] Rubin L. Advanced Carbon-Carbon for Space Radiators. NASA Conference Publication，1994：341-354.

[10] Sheehan J E. Carbon-Carbon Composites. Annual Review of Materials Science，1994，24：19-44.

[11] 侯向辉，陈强，喻春红，等. 碳/碳复合材料的生物相容性及生物应用. 功能材料，2000，31(5)：460-462.

[12] 熊信柏，李贺军，黄剑峰，等. 医用碳/碳复合材料碳化硅涂层研究. 西北工业大学学报，2003，21(3)：356-359.

[13] 熊信柏，李贺军，黄剑峰，等. 医用 CVI C/C 复合材料表面仿生沉积生物活性钙磷涂层. 高等学校化学学报，2004，25(7)：1363-1367.

[14] 李贺军，罗瑞盈，杨峥. 碳/碳复合材料在航空领域的应用研究现状. 材料工程，1997，(8)：8-10.

[15] 罗瑞盈. 碳/碳复合材料氧化及其防护性能研究. 材料工程，2000，(8)：7-10.

[16] 王曼霞. 碳/碳复合材料与多功能材料的现状与进展. 宇航材料工艺，1988，(5)：1-8.

[17] 方海涛，朱景川，尹钟大. 碳/碳复合材料抗氧化陶瓷涂层研究进展. 高技术通讯，1999，(8)：54-58.

[18] 李贺军，曾燮榕，李克智. 炭/炭复合材料研究应用现状及思考. 炭素技术，2001，(5)：24-27.

[19] Kowbel W，Chrllappa V，Withes J C，et al. Application of Net-Shape Molded Carbon-Carbon compositions in Engines. Journal of Advanced Materials，1996，27(4)：2-7.

[20] 武汉大学，吉林大学，等. 无机化学. 3 版. 北京：高等教育出版社，1994：726-756.

[21] 李贺军，薛晖，付前刚，等. C/C 复合材料高温抗氧化涂层的研究现状与展望. 无机材料学报，2010，25(4)：337-343.

[22] 王世驹，安红艳，陈渝眉. 碳/碳复合材料氧化行为的研究. 兵器材料科学与技术，1999，22(4)：36-40.

[23] 韩立军，李铁虎，郭恩明，等. 碳/碳复合材料抗氧化方法及发展趋势. 航空制造技术，2003，(12)：26-30.

[24] 王海军,王齐华. C/C 复合材料抗氧化行为的研究进展. 材料科学与工程学报,2003,21(1): 117-121.

[25] Savage G. Carbon-carbon composites. London:Chapman & Hall,1993:198-199.

[26] 李贺军,曾燮榕,朱小旗,等. 碳/碳复合材料抗氧化研究. 炭素,1999,(3):2-7.

[27] 杨海峰,王惠,冉新权. 碳/碳复合材料的高温抗氧化研究进展. 炭素技术,2000,(6):24-28.

[28] 传秀云,李贺军. 炭材料惰性涂层方法分析. 新型炭材料,1999,14(3):63-68.

[29] Loboiondo N E,Jones L E,Clare A G. Halogenated glass system for the protection of structural carbon/carbon composites. Carbon,1995,33(4):499-508.

[30] Lavruquere S,Elanchard H,Pailler R. Enhancement of the oxidation resistance of interfacial area in C/C composites. Journal of the European Ceramic Society. 2002,22(7):1001-1021.

[31] 崔红,苏君明,李瑞珍,等. 添加难熔金属碳化物提高碳/碳复合材料抗烧蚀性能的研究. 西北工业大学学报,2000,(18)4:669-673.

[32] 闫桂沈,王俊,苏君明,等. 难熔金属碳化物改性基体对碳/碳复合材料抗氧化性能的影响. 炭素,2003,(2):3-6.

[33] 朱小旗,杨峥,康沫狂,等. 基体改性碳/碳复合材料抗氧化影响规律探析. 复合材料学报, 1994,11(2):107-111.

[34] 罗瑞盈,李东生. 提高碳/碳复合材料抗氧化性能的一种新途径. 宇航学报,1998,19(1):95.

[35] Park S J,Seo M K. The effects of MoSi₂ on the oxidation behavior of carbon/carbon composites. Carbon,2001,39(8):1229-1235.

[36] 程基伟,罗瑞盈,王天民. 碳/碳复合材料高温抗氧化研究的现状. 炭素技术,2001,(5): 28-33.

[37] Friedrich C,Cadow R,Speicher M. Protective multilayer coatings on carbon-carbon composites. Surface and Coatings Technology,2002,151-152:405-423.

[38] 黄剑峰. 碳/碳复合材料高温抗氧化 SiC/硅酸盐复合涂层的制备、性能与机理研究. 西安: 西北工业大学博士学位论文,2004,10-12.

[39] 郭海明. C/C 复合材料防氧化复合涂层的制备及其性能. 宇航材料工艺,1998,(5):31-40.

[40] 李贺军,曾燮榕,朱小旗,等. 碳/碳复合材料抗氧化研究. 炭素,1999,(3):4-6.

[41] 郭正. 抗氧化碳/碳复合材料. 宇航材料工艺,1990,(2):1-5.

[42] 李林达,林得春. 碳/碳复合材料的特殊性与复杂性. 固体火箭技术,1991,(4):87-96.

[43] 简科,胡海峰,陈朝辉. 碳/碳复合材料高温抗氧化涂层研究进展. 材料保护,2003,36(1): 22-24.

[44] Wu T M. Methodology in exploring the oxidation behavior of carbon-carbon composites. Journal of Materials Science,1994,29:1260.

[45] Chen M M. Microstructure and oxidation resistance of SiC coated carbon-carbon composites via press less reaction sintering. Journal of Materials Science,1996,31:649-654.

[46] Jashi A,Lee J. Coating with particulate dispersions for high temperature oxidation protection of carbon and C-C composites. Composites (Part A),1995,(4):181-189.

[47] 成来飞,张立同,韩金探. 液相法制备碳-碳 Si-Mo 防氧化涂层. 高技术通信,1996,6(4): 17-20.

[48] 成来飞,张立同,韩金探. 液相法制备碳-碳 Si-W 防氧化涂层. 硅酸盐通报,1997,25(5):537.

[49] Cheng L F,Xu Y D,Zhang L T,et al. Oxidation behavior of C-SiC composites with a Si－W coating from room temperature to 1500℃. Carbon,2000,38:2133-2138.

[50] 曾燮榕,李贺军,张建国,等. 碳/碳复合材料防护涂层的抗氧化行为研究. 复合材料学报,2000,17(2):42-45.

[51] 陈华辉,邓海金,李明,等. 现代复合材料. 北京:中国物资出版社,1998:367-368.

[52] Huang J F,Zeng X R,Li H J,et al. Al_2O_3-mullite-SiC-Al_4SiC_4 multi-composition coating for carbon/carbon composites. Materials Letters,2004,58 (21):2627-2630.

[53] Huang J F,Zeng X R,Li H J,et al. Mullite-Al_2O_3-SiC oxidation protective coating for carbon/carbon composites. Carbon,2003,41(14):2825-2829.

[54] Fu Q G,Li H J,Shi X H,et al. Double-layer oxidation protective SiC/glass coatings for carbon/carbon composites. Surface and Coatings Technology,2006,200(11):3473-3477.

[55] Fu Q G,Li H J,Shi X H,et al. Microstructure and anti-oxidation property of $CrSi_2$-SiC coating for carbon/carbon composites. Applied Surface Science,2006,252(10):3475-3480.

[56] Takuya A,Hiroshi H,Taku H,et al. SiC/C multi-layered coating contributing to the antioxidation of C/C composites and the suppression of through-thickness cracks in the layer. Carbon,2001,39:1477-1483.

[57] Schulte Fischedick J,Schmidt J,Tamme R,et al. Oxidation behaviour of C/C-SiC coated with SiC-B_4C-SiC-cordierite oxidation protection system. Materials Science and Engineering A,2004,386:428-434.

[58] 郭全贵. 功能梯度材料. 新型炭材料,2003,18(2):158.

[59] Huang J F, Zeng X R, Li H J, et al. ZrO_2-SiO_2 gradient multiplayer oxidation protective coating for SiC coated carbon/carbon composites. Surface & Coating Technology,2005,190(2-3):255-259.

[60] Huang J F,Li H J,Zeng X R,et al. A new SiC/yttrium silicate/glass multi-layer oxidation protective coating for carbon/carbon composites. Carbon,2004,42(11):2356-2359.

[61] Cairo C A A,Graca M L A,Silva C R M,et al. Functionally gradient ceramic coating for carbon/carbon anti-oxidation protection. Journal of European Ceramic Society,2001,21:325-329.

[62] 曾燮榕,李贺军,杨峥. 碳/碳复合材料表面 $MoSi_2$-SiC 复相陶瓷涂层及抗氧化机制. 硅酸盐学报,1999,27(1):1-9.

[63] 曾燮榕,杨峥,李贺军,等. 防止碳/碳复合材料氧化的 $MoSi_2$/SiC 双相涂层系统的研究. 航空学报,1999,18(4):427-431.

[64] Sekigawa T,Takeda F,Taguchital M. High temperature oxidation protection coating for C/C composites. The 8th Symposium on High Performance Materials for Severe Environments. Tokyo,1997:307-315.

[65] Wang R,Yokota M,Sano H,et al. Effects of lanthanum boride on oxidation of C/C composites. Carbon,1997,35(7):1035.

[66] Choy K L. Chemical vapour deposition of coatings. Progress in Materials Science,2003,(48):

57-170.

[67] 贺福,王茂章. 碳纤维及其复合材料. 北京:科学出版社,1995:164-168.

[68] 李承新,郭正. 碳/碳复合材料抗氧化涂层的研究与改进. 宇航材料与工艺,1992,3:1-4.

[69] Kim J I,Kim W J,Choi D J,et al. Design of a C/SiC functionally graded coating for the oxidation protection of C/C composites. Carbon,2005,43:1749-1757.

[70] Cheng L F,Xu Y D,Zhang L T,et al. Preparation of an oxidation protection coating for C/C composites by low pressure chemical vapor deposition. Carbon,2000,38:1493-1498.

[71] 李瑞珍,马拯,李贺军,等. 化学气相反应法在 C/C 复合材料抗氧化处理中的应用. 固体火箭技术,2004,27(3):220-223.

[72] Oliver P,Alain D. Silicon carbide coating by reactive pack cementation. Advanced Materials,2000,12(3):41-50.

[73] Fitzer E,Gadow R. Fiber-reinforced silicon carbide. American Ceramic Society Bull,1986,65(2):326-335.

[74] Fu Q G,Li H J,Shi X H,et al. Silicon carbide coating to protect carbon/carbon composites against oxidation. Scripta Materialia,2005,(52):923-927.

[75] 彭春兰,易茂中. 碳/碳复合材料的浸涂抗氧化性能. 中南工业大学学报,2002,33(1):53-55.

[76] Fang H T,Zhu J C,Yin Z D,et al. A Si-Mo fused slurry coating for oxidation protection of carbon-carbon composites. Journal of Materials Science Letters,2001,20(2):175-177.

[77] Joshi J. Coating with particulate dispersions for high temperature oxidation protection of carbon and C/C composites. Composites Part A:Applied Science and Manufacturing,1997,28 A (2):181-189.

[78] 美国焊接学会编. 热喷涂原理与应用技术. 麻敏璜,贾永昌,刘维祥译. 成都:四川科学技术出版社,1987.

[79] Ogura Y,Kondo M,Morimoto T,et al. Thermal expansion of plasma sprayed Y_2SiO_5 coating. Journal of the Japan Institute of Metals,1999,63 (10):1295-1303.

[80] Ogura Y,Kondo M,Morimoto T,et al. Oxygen permeability of Y_2SiO_5. Materials Transactions,2001,42 (6):1124-1130.

[81] Huang J F,Li H J,Zeng X R,et al. Yttrium silicate oxidation protective coating for SiC coated carbon/carbon composites. Ceramics International,2006,32:417-421.

[82] 李彬. 溶胶-凝胶法及其在无机材料合成中的应用. 机械工程材料,1992,(2):26-30.

[83] Stuecker J N. Oxidation protection of carbon-carbon composites by Sol-Gel ceramic coatings. Journal of Materials Science Letters,1999 (34):5443-5447.

[84] Yamamoto O,Inagaki M. Anti-oxidation coating of carbon materials coupled with SiC concentration gradient. New Carbon Material,1999,14(1):1-7.

[85] Stuecker J N,Hirschfeld D A,Martin D S. Oxidation protection of carbon/carbon composites by Sol-Gel ceramic coating. Journal of Materials Science,1999,34(22):5443-5447.

[86] Roos E,Maile K,Lyutovich A,et al. (Cr-Al) bi-layer coatings obtained by ion assisted EB PVD on C/C-SiC composites and Ni-based alloys. Surface & Coating Technology,2002,151-

152;429-433.

[87] Zhu Y C,Ohtani S,Sato Y,et al. Influence of boron ion implantation on the oxidation behavior of CVD-SiC coated carbon-carbon composites. Carbon,2000,38;501-507.

[88] Damjanovic T,Argirusis C,Borchardt G,et al. Oxidation protection of C/C-SiC composites by an electrophoretically deposited mullite precursor. Journal of the European Ceramic Society,2005,25;577-587.

[89] Santon J. Laser coating extends applicability of carbon-carbon composites. Materials Performance,2000,39(7);47.

[90] Snell L,Neison A,Molian P. A novel laser technique for oxidation-resistant coating of carbon-carbon composite. Carbon,2001,39(7);1-999.

[91] 李贺军,曾燮榕,李克智,等. 我国碳/碳复合材料研究进展. 炭素,2001,(4);8-13.

[92] 黄剑锋,李贺军,熊信柏,等. 炭/炭复合材料高温抗氧化涂层的研究进展. 新型炭材料,2005,20(4);373-378.

[93] 郭正. 抗氧化碳/碳复合材料. 宇航材料工艺,1990,(2);1-5.

[94] 李瑞珍,马拯. 化学气相反应在碳/碳复合材料抗氧化处理中的应用. 固体火箭技术,2007,27(3);4.

[95] 曾燮榕,李贺军,杨峥,等. 表面硅化对 C/C 复合材料组织结构的影响. 金属热处理学报,2000,21(2);64-67.

[96] 成来飞,张立同. 液相法制备 C/C 防氧化涂层的液相铺展研究. 航空学报,1996,17(4);508-510.

[97] 杨尊社,卢刚认,曲德全. C/C 复合材料的磷酸盐与硼系涂料的防氧化研究. 材料保护,2001,34(3);12-13.

[98] 简科,胡海峰,陈朝辉. 碳/碳复合材料高温抗氧化涂层研究进展. 材料保护,2003,36(1);22-24.

[99] 黄敏. 炭/炭复合材料 SiC/硅酸钇高温抗氧化复合涂层的研究. 西安;西北工业大学博士学位论文,2004.

[100] 曾燮榕,郑长卿,李贺军. C/C 复合材料 MoSi₂ 涂层的防氧化研究. 复合材料学报,1997,14(3);37-40.

[101] Otsuka A,Sakamoto K,Masumoto H. A multi-layer CVD-SiC coating for oxidation protection of carbon/carbon composite. Materials Science Research International,1999,5(3);163-168.

[102] Rodionova V V,Kravetkii L. Anti-oxidation protection of carbon-based materials; US,5660800. 1997.

[103] Sugahara N,Kamivama T,Yamamoto O M,et al. Stabilized HfO₂/Ir/HfC oxidation resistant coating system for C/C composites. The 8th Symposium on high Performance Materials for Severe Environments. Tokyo,1997;397-408.

[104] Hirosh Y,Katsuaki K,Katsuhiro K,et al. Study of anti-oxidation coating system for advanced C/C composites. The 8th Symposium on high Performance Materials for Severe Environments. Tokyo,1997;283-294.

[105] Sekigawa T,Takeda F,Taguchital M. High temperature oxidation protection coating for C/

C composites. The 8th Symposium on high Performance Materials for Severe Environments. Tokyo,1997:307-315.

[106] 张中伟,王俊山,许正辉,等. C/C 复合材料抗氧化研究进展. 宇航材料工艺,2004,(2): 1-7.

[107] 刘兴昉,黄启忠,苏哲安,等. 化学气相反应法制备 SiC 涂层. 硅酸盐学报,2004,32(7): 906-910.

[108] 黄剑峰. 碳/碳复合材料高温抗氧化 SiC/硅酸盐复合涂层的制备、性能与机理研究. 西安: 西北工业大学博士学位论文,2004:1-2.

第2章 C/C复合材料TiC内涂层的制备、性能研究

2.1 引 言

抗氧化涂层法是一种十分有效、常用的提高 C/C 复合材料抗氧化性能的保护方法,它可以大幅度提高 C/C 复合材料在含氧环境下的使用温度和寿命[1,2]。SiC 陶瓷具有和 C/C 复合材料较好的相容性和良好的抗氧化性能而被广泛作为 C/C 复合材料涂层材料[3-6]。在 1773～2073K,SiC 被高温氧化时会在 C/C 复合材料的表面形成稳定的 SiO_2 玻璃膜,该膜具有较低的氧渗透率,可以和 C/C 复合材料沿碳纤维轴向热膨胀系数匹配,因此可以极大地提高 C/C 复合材料的抗氧化性能,被广泛应用为 C/C 复合材料抗氧化涂层的过渡层[7]。

在 C/C 复合材料表面制备 SiC 内涂层可以采用很多方法,但是最常用、简单的制备方法还是包埋法[8,9]。包埋法制备 SiC 内涂层是把硅粉和碳粉直接接触并发生化学反应,在 C/C 复合材料表面生成 SiC。这种方法具有工艺简单、涂层与基体结合强度高、能实现 C/SiC 扩散层等优点。但是由于包埋法制备温度较高(一般大于 1773K),涂层的结构受温度、保温时间及粉料配比等因素的影响很大。所以,在涂层的制备过程中,很难消除因 SiC 内涂层与 C/C 复合材料基体热膨胀系数不匹配而形成的裂纹等缺陷,使得涂层的寿命大大缩短,降低涂层的抗氧化能力。如何提高 C/C 复合材料涂层制备工艺的稳定性、减少涂层中的缺陷是当今抗氧化涂层研究领域最困难和必须解决的关键问题之一。有不少学者在此方面进行了研究,有的人优化工艺条件,有的人改进实验配方,还有人提出复合涂层的概念[10,11]。

与 SiC 相比,TiC[12] 具有更高的熔点(3340K)、强度和弹性模量。TiC 的热膨胀系数为 $7.74 \times 10^{-6} K^{-1}$(温度 2573K),是一种理想的 C/C 复合材料最底层碳化物候选材料之一,具有较低的碳扩散率。在高温氧化时,TiC 内涂层可有效防止基体碳的逸出。TiC 是过渡金属碳化物,具有由较小的碳原子插入到硅密集堆积点阵的八面体位置而形成面心立

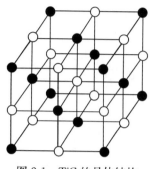

图 2-1　TiC 的晶体结构

方的 NaCl 型结构，其空间群为 Fm3m，晶体结构如图 2-1 所示。TiC 的真实组成可用 TiC_x 表示，此处 x 指 C 与 Ti 的比，它的范围在 0.5～0.97。TiC 的物理性质如表 2-1 所示。各种金属碳化物熔点、密度和硬度的比较见图 2-2，从表 2-1 和图 2-2 中可以看出，TiC 的熔点较高、密度最低、显微硬度最高。

在 TiC 的实际应用方面，Sekigawa 等[13]制备了 TiC(CVD)/Ir(CVD 或等离子喷涂)/Y_2O_3(等离子喷涂)复合涂层，可在温度高于 2073K 条件下工作。在 2213K 下氧化测试 30min，氧化失重为 6.6%。郭海明等[14]制作了 TiC/SiC/ZrO_2-$MoSi_2$ 涂层，其抗氧化效果虽然不太理想，但是氧化温度可达 1573K 左右。Eroglu 和 Gallois[15]用化学气相沉积法制备了梯度 TiN/TiC 涂层。在这些文献报道中，TiC 的制备均为化学气相沉积法。用包埋法制备 TiC 内涂层以及对其性能进行研究，还未见报道。

表 2-1　TiC 的物理性质[16]

材料	熔点 /℃	密度 /(g/cm³)	硬度 (HV)	晶体结构	热膨胀系数 /(×10⁻⁶K⁻¹)	比热容 /[J/(g·K)]	热导率 /[W/(m·K)]	电阻率 /(×10⁻⁶Ω·cm)
TiC	3067	4.93	约 3000	面心立方	7.74	0.796	21	68

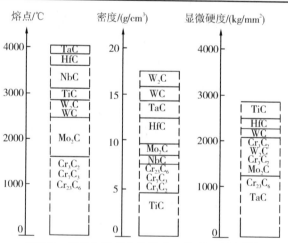

图 2-2　各种金属碳化物熔点、密度和硬度[16]

为了克服 SiC 内涂层的缺点，寻找新的 C/C 复合材料内涂层材料，在本章中，用包埋法制备了 TiC 内涂层，分析了其结构特点，与相同条件下制备的 SiC 内涂层进行了比较。

2.2   涂层的制备

2.2.1   涂层的结构设计

首先在 C/C 复合材料的表面分别用包埋法制备一层 SiC、TiC 内涂层，然后再第二次包埋制备 TiC、SiC。最后再制备一层 TiC＋SiC 混合外涂层。涂层结构的设计如图 2-3 所示。

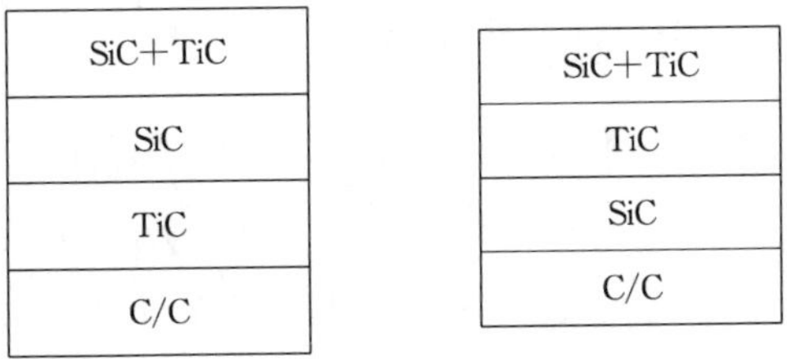

SiC＋TiC		SiC＋TiC
SiC		TiC
TiC		SiC
C/C		C/C

图 2-3   涂层的结构设计

2.2.2   涂层的制备工艺

实验所用 C/C 复合材料为化学气相沉积法制作的二维 C/C 复合材料，密度为 1.80g/cm³，截成尺寸为 10mm×10mm×10mm 的试样备用。先用 100# 砂纸将其棱角磨去，再用 400# 砂纸对试样进行打磨抛光处理。将打磨好的试样用无水乙醇清洗干净，然后放入烘箱中，在 373K 下烘干 1～2h 备用。

第一步在 C/C 复合材料表面制备 SiC、TiC 内涂层。包埋 SiC 内涂层时，选择高纯度（≥99.5％）的 Si 粉、C 粉、Al_2O_3 粉及少量添加剂，分别经 300 目过筛，按照设计的比例混合，并搅拌均匀，作为包埋粉料备用。设计的比例为（ω_{Si}）40％～50％（300 目），（ω_{SiC}）30％～48％（325 目）和（ω_C）5％～10％（300 目），包埋温度 1773 K，时间 2h。包埋 TiC 内涂层时，选择高纯度（≥99.5％）的 Ti 粉、C 粉、Al_2O_3 粉及少量添加剂，分别经 300 目过筛，按照设计的比例混合，并搅拌均匀，作为包埋粉料备用。设计的比例为（ω_{Ti}）60％～80％（300 目），（ω_C）10％～30％（325 目）和（$\omega_{Al_2O_3}$）2％～4％（300 目），包埋温度 2173 K，时间 2h。

第二步是用包埋法在 SiC 涂层 C/C 复合材料的表面制作 TiC 涂层，在 TiC 涂层 C/C 复合材料的表面制作 SiC 涂层。原料配比和制备工艺同第一步。

第三步是用包埋法在涂层 C/C 复合材料的表面制作 SiC-TiC 复合涂层。将制作 SiC 和 TiC 内涂层的配料按 1：1 的比例混合。在 2173 K 下的氩气中处理 2h 以形成复合抗氧化外涂层。

2.3　涂层的表面特征和性能分析

2.3.1　涂层的显微结构及能谱分析

使用型号为 JSM-6460 高分辨率扫描电子显微镜分析涂层的表面形貌和断面形貌。观察不导电的试样时要预先进行喷金处理，同时对试样表面不同的相区进行点扫描、试样的断面进行线扫描以分析存在的化学元素。

2.3.2　涂层的组成结构表征

涂层的晶相组成分析测试采用日本理学 D/max-3c 自动 X 射线衍射仪，实验条件为铜靶 Kα 线、石墨晶体单色器、管电压 40kV、管电流 40mA、发散狭缝 D_s＝1mm，接收狭缝 R_s＝0.33mm，防散射狭缝 S_s＝1mm。

2.4　结果与讨论

2.4.1　包埋法制备 TiC 内涂层的影响因素分析

1. TiC 涂层制备温度的确定

图 2-4 为 Ti 和 C 的二元相图[12]，由相图可以看出，TiC 相的生成具有特别宽的温度范围，在 TiC$_{1-x}$ 的情况下，其摩尔分数范围是 32%～48.8%，温度 1670℃。要形成 TiC，温度必须大于 1648℃。本实验确定 1900℃为 TiC 的制备温度。

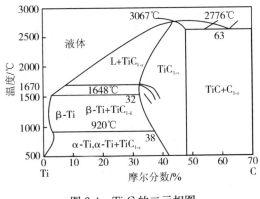

图 2-4　Ti-C 的二元相图

2. 包埋粉料中 Ti：C 比对 TiC 涂层的影响

1) 包埋粉料中 Ti：C 比对 TiC 涂层晶相组成的影响

图 2-5 为配方中不同 Ti：C 比值在 2173 K 包埋 2h 所制备涂层的 XRD 分析结果。从图中可以看出，当 Ti：C 为 5：1 时，涂层中除了 TiC 的衍射峰外，还有 C 和 Ti 的衍射峰以及少量 Al_2O_3 添加剂的衍射峰。这说明在这一配比下，包埋时的反应不完全。当 Ti：C 为 3：1 时，涂层中只有 TiC 和 C 的衍射峰，这说明制备涂层时，Ti 和 C 之间

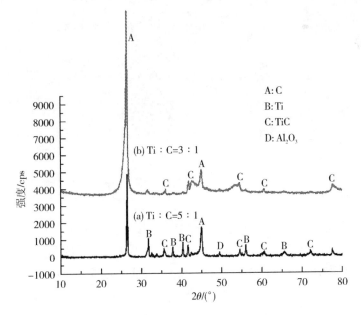

图 2-5　不同 Ti：C 比值所制备 TiC 涂层的 XRD 曲线

的化学反应完全，同时涂层中夹杂着游离的 C。少量游离 C 的存在，有利于再次制作外涂层时对基体的保护，也能参与涂层形成的化学反应。

2）包埋粉料中 Ti：C 比值对涂层显微结构的影响

图 2-6 为不同 Ti：C 比值时所得涂层的表面和断面的显微结构。从图中可以看出，粉料中 Ti：C 为 5：1 时，涂层的表面比较疏松，基体未能被完全覆盖，断面涂层很薄；当粉料中 Ti：C 为 3：1 时，涂层的表面比较致密，基体已被完全覆盖，断面涂层厚度可达 $30\sim50\mu m$。这说明涂层的致密性和厚度与配方中 Ti 的含量密切相关，可以通过控制配方中 Ti 的含量来控制涂层的结构。

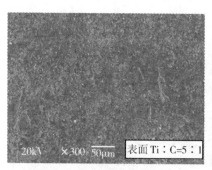
(a) Ti：C=5：1 时涂层的表面结构

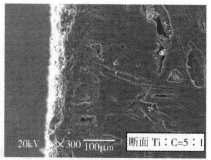
(b) Ti：C=5：1 时涂层的断面结构

(c) Ti：C=3：1 时涂层的表面结构

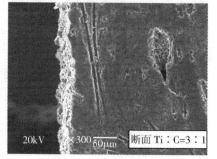
(d) Ti：C=3：1 时涂层的断面结构

图 2-6　不同 Ti：C 比值所制备 TiC 涂层的表面及断面结构
(a) 和 (b) 为 Ti：C=5：1；(c) 和 (d) 为 Ti：C=3：1

3）包埋粉料中 Ti：C 比值对涂层厚度的影响

图 2-7 为不同 Ti：C 比值时所制得涂层的涂层厚度以及增重情况。从图中可以看出，粉料中 Ti：C 为 5：1 时，涂层的厚度大约为 $20\mu m$，包埋后试样增重 0.28%；当粉料中 Ti：C 为 3：1 时，涂层的厚度大约为 $50\mu m$，包埋后试样增重 0.57%。这说明涂层的厚度与配方中 Ti

的含量密切相关，可以通过控制配方中 Ti 的含量来控制涂层的厚度。作为 C/C 复合材料的内涂层，一般厚度为 $30\sim100\mu m$ 即可。过薄起不到内涂层的阻挡作用；过厚不利于外涂层的制备，发挥整个涂层的作用。

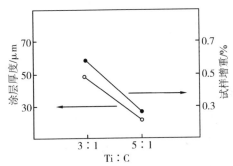

图 2-7　不同 Ti：C 时涂层的厚度以及增重

3. 保温时间对 TiC 涂层的影响

保温时间对 TiC 涂层的晶相组成、显微结构以及厚度有着直接的影响。本试验对 Ti：C＝3：1 的配方，在 2173K 下分别包埋 1h、2h 和 3h，考察涂层的增重情况，其结果见图 2-8。

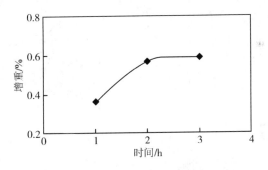

图 2-8　2173K 下增重随时间变化曲线

从图 2-8 中可以看出，保温 1h，试样的增重明显较小，说明生成涂层的化学反应未进行完全。保温时间达 2h 后，涂层的反应几乎完全，试样增重不再发生变化。所以制备 TiC 涂层时选择 2h 为制备时间。

包埋法制备 TiC 时，是让钛粉与碳直接接触并发生化学反应，整个过程受反应和扩散两个过程控制。形成涂层的结构、均匀性及完整性受包埋温度、保温时间以及钛碳比值等因素影响较大。包埋温度直接决定包埋时发生的化学反应，保温时间决定发生的化学反应是否完全，合适的钛碳比值是保证反应完全发生及包埋工艺正常进行的必要条件。根据以上影响因素的具体分析，可以得出，用包埋法制备 TiC 内涂层选择的工艺条件为温度 2173K，保温 2h，Ti 和 C 的比值选择 3∶1。

2.4.2　TiC、SiC 内涂层表面和断面的显微形貌比较

图 2-9(a)和图 2-9(b)为包埋法制备 SiC 内涂层的表面和断面的显微形貌。从图 2-9(a)中可以看出，SiC 内涂层的表面相对平整，有细微的裂纹存在，涂层表面晶体颗粒细小，表面存在一些针状微孔，这种结构有利于制作外涂层。当制作外涂层时，针状微孔可以和外涂层形成犬牙交错的结合，提高涂层之间的结合程度及涂层的抗氧化性能。从图 2-9(b)中可以看出，涂层断面并不致密，断面存在细小的孔洞。

图 2-9(c)和图 2-9(d)为包埋法制备 TiC 内涂层的表面和断面的显微形貌。从图 2-9(c)中可以看出，TiC 内涂层的表面平整，涂层表面晶体颗粒细小，看不到表面存在针状微孔。从图 2-9(d)中可以看出，涂层断面比较致密，断面不存在孔洞。

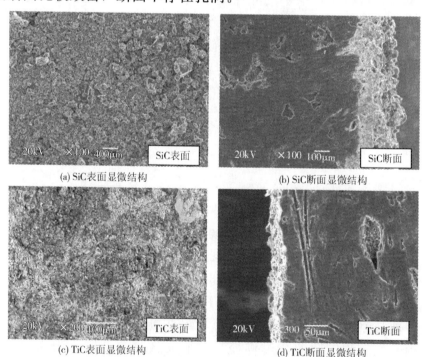

(a) SiC表面显微结构　　　　　　　(b) SiC断面显微结构

(c) TiC表面显微结构　　　　　　　(d) TiC断面显微结构

图 2-9　SiC 和 TiC 内涂层的表面和断面显微结构

（a）和（b）为 SiC 涂层；（c）和（d）为 TiC 涂层

从以上比较可以看出，在未制备外涂层前，TiC 涂层的表面平整，断面致密；而 SiC 涂层表面和断面均有孔洞，表面存在裂纹。

2.4.3　复合涂层表面和断面的显微形貌比较

图 2-10(a)和图 2-10(b)为包埋法制备 C/C-SiC-TiC-复合外涂层的表面和断面的显微形貌。从图 2-10(a)中可以看出，复合外涂层由两相组成。经涂层表面的点能谱分析(见图 2-11)得知，灰色相为 SiC，白色相由 TiC 和 SiC 组成(TiC 为主要成分)。从涂层的表面看，TiC 的含量较少。从图 2-10(b)中可以看出，涂层断面也不规整。断面的元素分析见图 2-13，从图中可以看出，断面的 Ti 元素含量也较少。

(a) C/C-SiC-TiC-复合涂层表面显微形貌

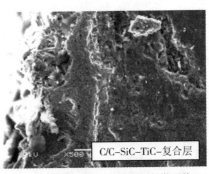

(b) C/C-SiC-TiC-复合涂层断面显微形貌

(c) C/C-TiC-SiC-复合涂层表面显微形貌

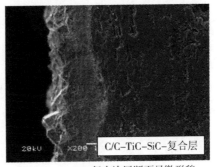

(d) C/C-TiC-SiC-复合涂层断面显微形貌

图 2-10　复合外涂层表面和断面的显微形貌
(a) 和 (b) 为 C/C-SiC-TiC-复合外层；(c) 和 (d) 为 C/C-TiC-SiC-复合外层

图 2-10(c)和图 2-10(d)为包埋法制备 C/C-TiC-SiC-复合外涂层的表面和断面的显微形貌。从图 2-10(c)中可以看出，复合外涂层也是由两相组成，两相分散均匀，白色相较多。经涂层表面的点能谱分析(图 2-12)得知，灰色相为 SiC，白色相由 TiC 和 SiC 组成。从涂层的表面

看，灰色相的 SiC 和白色相的 TiC 含量几乎相等。从图 2-10(d)中可以看出，涂层断面比较规整，厚度较均匀，断面的元素分析见图 2-14，可以看出，断面的 Ti 元素含量也较少。

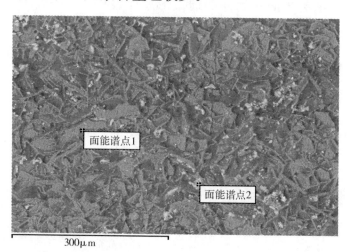

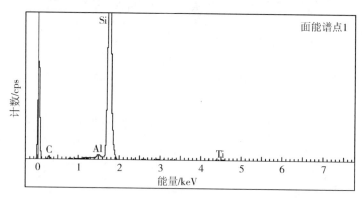

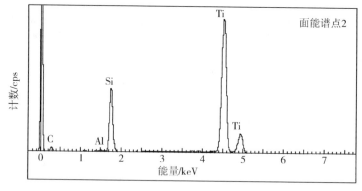

图 2-11　C/C-SiC-TiC-复合涂层表面的点能谱分析

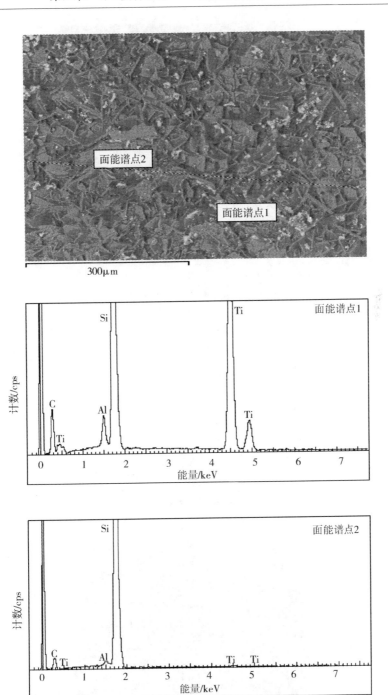

图 2-12　C/C-TiC-SiC-复合涂层表面的点能谱分析

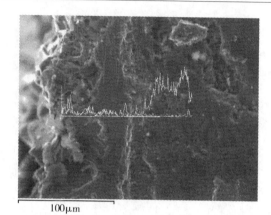

(a) C/C-SiC-TiC-复合涂层断面结构

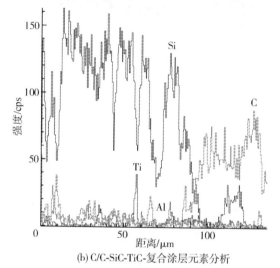

(b) C/C-SiC-TiC-复合涂层元素分析

图 2-13　C/C-SiC-TiC-复合涂层断面元素分析

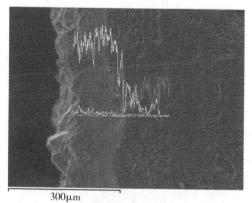

(a) C/C-TiC-SiC-复合涂层断面结构

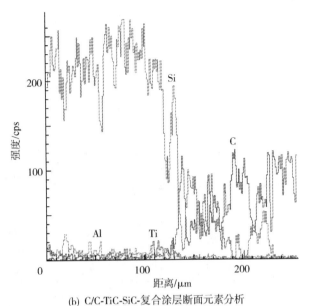

(b) C/C-TiC-SiC-复合涂层断面元素分析

图 2-14　C/C-TiC-SiC-复合涂层断面元素分析

从以上比较可以看出，在制作了复合外涂层后，以 SiC 为内涂层的样品表面 TiC 含量较少，断面结构不规整，但断面的 Ti 元素含量较高，Ti 元素在整个涂层中含量分布不均匀，如图 2-13 所示。而以 TiC 为内涂层的样品表面 TiC 含量较高，断面结构致密，断面的 Ti 元素含量较少，Ti 元素在整个涂层中含量分布均匀，见图 2-14。

2.4.4　(SiC＋TiC)复合涂层的组成结构

图 2-15 为制备的带有复合外涂层的 C/C 复合材料表面的 XRD 分析结果。从图 2-15 中可以看出，无论是 C/C-SiC-TiC-复合外涂层试样，还是 C/C-TiC-SiC-复合外涂层试样，涂层表面均由 3 种物质组成，即 SiC、TiC 和 Ti_3SiC_2。同时可以发现，C/C-SiC-TiC-复合外涂层试样表面的 Ti_3SiC_2 含量较高，可以推测断面上其含量也较高。C/C-TiC-SiC-复合外涂层试样的表面的 Ti_3SiC_2 含量很少。

另外，据文献报道，TiC-SiC 是典型的复相陶瓷，由于 TiC 与 SiC 的热失配可以使材料的强度和韧性增强[12]。故可以预测，含有 Ti_3SiC_2 的涂层必定具有良好的机械性能和抗氧化性能。

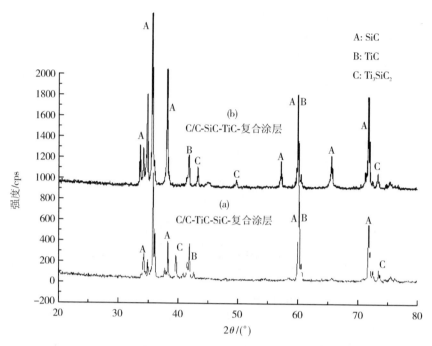

图 2-15　带有复合外涂层的 C/C 复合材料表面的 XRD 分析

2.4.5　(SiC+TiC)复合涂层缺陷分析

通过 2.4.2 小节和 2.4.3 小节的比较可以看出，不论是无外涂层还是有外涂层，似乎 TiC 内涂层的性能要好于 SiC。但把样品在室温下放置 15d 后观察，以 TiC 为内涂层的样品涂层有明显的脱落区域出现，而以 SiC 为内涂层的样品涂层完好无损。图 2-16 是两个样品的 SEM 比较图。

把样品放置 30d 后，以 SiC 为内涂层的样品仍然完好，而以 TiC 为内涂层的样品涂层又有新的脱落区域出现。会产生这一现象的原因在于 TiC 内涂层和基体及外涂层的黏结性不好。从图 2-13 和图 2-14 断面元素分析中可以看出，以 SiC 为内涂层的试样，Ti 元素含量较高，而且主要分布在两个涂层的界面处，这样的分布使涂层和涂层之间有一个过渡区域，有利于涂层间的结合。而以 TiC 为内涂层的试样，断面的 Ti 元素含量较少，在整个涂层断面中含量分布不均匀，涂层之间没有一个过渡区域，不利于涂层间的结合，因而出现脱落区域。

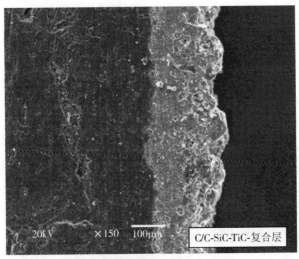

(a) C/C-SiC-TiC-复合涂层的断面图

(b) C/C-SiC-TiC-复合涂层的断面图

图 2-16　SiC 和 TiC 内涂层样品的比较

Ti_3SiC_2 可以看成是由 SiC 和 Ti_3C 形成的稳定的化合物。C/C-SiC-TiC-复合外涂层试样表面 Ti_3SiC_2 的含量较高,而 C/C-TiC-SiC-复合外涂层试样的表面 Ti_3SiC_2 的含量很少,这也是以 SiC 为内涂层的样品完好,而以 TiC 为内涂层的样品涂层有脱落区域出现的另外一个原因。

2.5 结 论

（1）利用包埋法制备 C/C 复合材料 SiC 和 TiC 内涂层，SiC 内涂层为多孔结构，涂层较厚，和 C/C 复合材料黏结牢固；TiC 内涂层较薄，和基体 C/C 复合材料黏结不牢，有局部脱落现象。

（2）利用包埋法制备 C/C 复合材料（SiC＋TiC）复合外涂层，制备的（SiC＋TiC）复合涂层为 SiC、TiC 复相组成，涂层由 SiC、TiC 和 Ti_3SiC_2 三种物质组成，涂层较厚。

（3）虽然 TiC 具有许多比 SiC 优异的性能，但作为 C/C 复合材料的内涂层材料，SiC 更合适。

参 考 文 献

[1] Savage G. Carbon-Carbon Composites. London:Chapman & Hall,1992:321-357.

[2] Westwood M E,Webster J D,Day R J,et al. Oxidation protection for carbon fiber composites. Journal of Materials Science,1996,31:1389-1397.

[3] Kim J I,Kim W J,Choi D J,et al. Design of a C/SiC functionally graded coating for the oxidation protection of C/C composites. Carbon,2005,43:1749-1757.

[4] Huang J F,Zeng X R,Li H J,et al. Influence of the preparation temperature on the phase,microstructure and anti-oxidation property of a SiC coating for C/C composites. Carbon,2004,42:1517-1521.

[5] Shiro S,Takeshi S. Preparation and high temperature oxidation of SiC compositionally graded graphite coated with HfO_2. Carbon,2002,40:2469-2475.

[6] Zhu Q S,Qiu X L,Ma C W. Oxidation resistant SiC coating for graphite materials. Carbon,1999,37:1475-1484.

[7] 陈华辉,邓海金,李明,等. 现代复合材料. 北京:中国物资出版社. 1998:366-384.

[8] 李贺军,曾燮熔,朱小旗,等. 碳/碳复合材料抗氧化研究. 炭素,1999,(3):4-6.

[9] Oliver P,Alain D. Silicon carbide coating by reactive pack cementation. Advanced Materials,2000,12(3):41-50.

[10] Fu Q G,Li H J,Shi X H,et al. Silicon carbide coating to protect carbon/carbon composites against oxidation. Scripta Materialia,2005,(52):923-927.

[11] 黄剑锋,李贺军,熊信柏,等. 炭/炭复合材料高温抗氧化涂层的研究进展. 新型炭材料,2005,20(4):373-378.

[12] 张玉军,张伟儒. 结构陶瓷材料及其应用. 北京:化学工业出版社,2005:36-38.

[13] Sekigawa T,Takeda F,Taguchital M. High Temperature oxidation protection coating for C/

C composites. The 8th symposium on high performance materials for severe environments, Tokyo,1997,307-315.

[14] 郭海明,舒武炳,乔生儒,等. C/C 复合材料防氧化复合涂层的制备及其性能. 宇航材料工艺,1998,28(5):37-40.

[15] Eroglu S,Gallois B. Design and chemical vapor deposition of graded TiN/TiC coatings. Surface & Coating Technology,1991,49(1-3):275-278.

[16] 邓世均. 高性能陶瓷涂层. 北京:化学工业出版社,2004:160-167.

第3章 包埋法制备SiC内涂层缺陷的形成机制及控制

3.1 引　言

从第2章的讨论中可以看出，作为C/C复合材料的内涂层材料，SiC更合适。但是，由于SiC和C/C复合材料热膨胀系数之间的差异，使得在制备涂层时表面往往会出现裂纹、孔洞等缺陷[1]。这些缺陷如果不能得到有效的控制，在制备外涂层时，出现的裂纹和孔洞不会被完全充填。当材料被高温氧化时，外层会被氧化破坏，成为氧气的通道，引起C/C复合材料基体的迅速氧化，从而降低了涂层的整体抗氧化能力[2-4]。

吴守军等[5]对化学气相沉积（CVD）制备SiC涂层的缺陷形成和控制进行了研究，认为CVD制备SiC涂层存在以下涂层缺陷：裂纹、网状缺陷和面缺陷。涂层的形成机制和制备工艺有关，慢速沉积工艺对涂层缺陷的形成有明显的控制效果。Kim等[6]用低压化学气相沉积（LPCVD）在C/C复合材料上制备了功能梯度SiC涂层，有效降低了SiC涂层和基体间的热应力，使材料的抗氧化性大大提高。Takuya等[7]用CVD法制备了C/C复合材料SiC/C多层涂层，有效抑制了涂层上穿透性裂纹的产生。付前刚用包埋法制备双层SiC涂层，有效封填了内层SiC上的裂纹，材料的抗氧化性得到提高[8]。黄剑峰针对包埋法制备SiC时，温度对涂层的相组成、微观结构和抗氧化性等因素的影响进行了研究，认为温度在2073K下制备的SiC涂层致密，抗氧化性较好[9]。但对包埋法制备SiC的制备缺陷，如微裂纹和孔洞的形成机制和防止方法，到目前为止，未见文献报道。

如何提高涂层制备工艺的稳定性、减少涂层中的缺陷，是当今抗氧化涂层领域中最困难和必须解决的技术问题之一。为了研究包埋法制备SiC内涂层缺陷的形成机理，防止缺陷的出现，并进一步提高制备SiC涂层的抗氧化性能，在本章中，使用扫描电镜等分析手段结合包埋法制备SiC内涂层的制备过程，对涂层裂纹及孔洞的形成机制进行了研究，从制备工艺和配料出发对涂层缺陷的控制进行了探索。

3.2　SiC 内涂层的制备及性能测试

3.2.1　SiC 内涂层的制备

实验所用 C/C 复合材料样品的预处理见 2.2.2 小节。

包埋时，选择高纯度（≥99.5%）的 Si 粉、C 粉、Al_2O_3 粉及少量添加剂，分别经 300 目过筛，按照设计的比例混合，并搅拌均匀，作为包埋粉料备用。

将准备好的 C/C 复合材料试样放入石墨坩埚里，并埋入不同成分的包埋粉料中，将坩埚放入石墨化炉（图 3-1）中，抽真空 10min 后真空度达到 0.09MPa，静置一段时间，观察真空表有无变化，如无变化说明系统密封完好。然后通氩气至常压，使高温炉在工作期间一直处于氩气保护状态。随后将温度从室温升至 1973～2273K，并使升温速度控制在 2～10K/min，达到预定的温度后保温一段时间。随后以 10K/min 的速度使温度降至 1473K，关闭电源使试样随炉冷却至室温。打开炉子取出坩埚，从粉体中取出 C/C 复合材料试样，清洗之后在 C/C 复合材料表层生成 SiC 涂层。

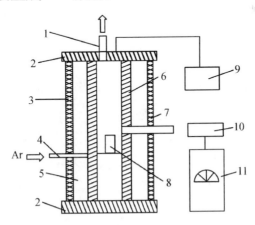

图 3-1　石墨化炉结构示意图

1 为出气口；2 为端盖；3 为水冷壁；4 为进气口；5 为碳毡；6 为石墨管（发热体）；
7 为观察孔；8 为坩埚；9 为真空泵；10 为红外测温探头；11 为红外测温仪显示仪表

3.2.2 SiC涂层的表征及性能测试

1. 涂层的结构表征

涂层的晶相组成分析采用日本理学 D/max-3c 自动 X 射线衍射仪。实验条件为铜靶 Kα 线、石墨晶体单色器、管电压 40kV、管电流 40mA、发散狭缝 $D_s=1mm$、接收狭缝 $R_s=0.3mm$、防散射狭缝 $C_s=1mm$。

2. 涂层的显微结构及能谱分析

使用型号为 JSM-6460 高分辨率扫描电子显微镜(SEM)分析涂层的表面形貌和断面形貌。观察不导电的试样时要预先进行喷金处理。用 EDS(energy dispersive X-ray spectroscopy)能谱仪分析涂层的化学组成。

3. 涂层 C/C 复合材料高温抗氧化的性能测试

将制备好的带有制备涂层的试样放置于氧化铝坩埚内，然后直接放入恒温管式高温炉中，在自然空气对流的气氛下测试试样的抗氧化性能。在该试验中，经过一定的氧化时间后把试样从炉内取出，冷却至室温，然后用分析天平测量试样的重量。试样在实验中将进行多次周期性的加热-冷却循环，按公式(3-1)评价涂层抗氧化能力及抗热震性能的优劣。

$$\Delta W\% = \frac{m_0 - m_1}{m_0} \times 100\% \tag{3-1}$$

式中，$\Delta W\%$ 为试样的氧化失重；m_0 为氧化前试样的初始质量；m_1 为试样在高温下氧化一定时间后的质量。

试样每进行一次从高温到室温的急冷急热试验，就经历了一次从高温到室温的热震试验。根据试样的氧化失重率值的大小可以评价试样抗热震性能和抗氧化性能的优劣。

3.3 结果与讨论

3.3.1 包埋法制备 SiC 涂层缺陷的形成机制

图 3-2 为包埋法制备 SiC 涂层表面微裂纹的显微形貌图。从图中

可以看出，涂层表面粗糙，有粗大颗粒的晶体存在，固相堆积比较疏松，存在贯穿涂层表面的裂纹和未贯穿涂层表面的微细裂纹，表面还有针状小孔。图 3-3 为包埋法制备 SiC 涂层断面的显微形貌。从图中可以看出，涂层表面不平整，断面并不致密，断面上存在孔洞缺陷。

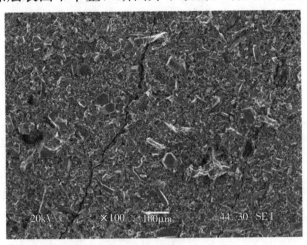

图 3-2　包埋法制备 SiC 涂层表面形貌

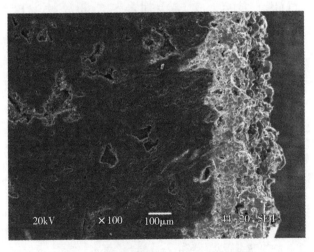

图 3-3　包埋法制备 SiC 涂层断面形貌

　　包埋法制备 SiC 内涂层形成的缺陷和制备涂层的工艺条件、包埋所用的化学原料以及其原料的配比有着直接的关系。化学原料及其配比决定了所进行的化学反应类型，涂层制备的工艺条件决定了化学反应进行的过程和反应的程度。

　　包埋法制备 SiC 涂层时，SiC 的形成经历 3 个过程：①粉料中的 Si 在高温下熔融；②熔融的 Si 向 C/C 复合材料扩散；③熔融的 Si 和基体碳发生反应生成 SiC。这一过程中也存在熔融的 Si 和原料中的 C 反应形成 SiC，SiC 随着 Si 的扩散移动到基体表面从而形成涂层。这一过程突出的特点是 Si 的扩散靠加热扩散作用来完成，整个制备过程受扩散速度和反应速度两个因素控制。SiC 涂层的制备依赖于下列反应的发生[10]：

$$\text{Si(s 或 l)} + \text{C(s)} \xrightarrow[\text{惰性气体}]{\text{高温}} \text{SiC(s)} \tag{3-2}$$

　　在低于 Si 的熔点 1678K 时，上述反应为两固相间的反应；高于 1678K 时，为 Si 和 C 的液固反应。包埋法制备 SiC 的制备温度一般都大于 1678K，是一个液固反应。从晶体的生长理论看，当扩散速度大于反应速度时，单位时间内在 C/C 复合材料的表面形成大量的 SiC 晶核，从而形成小晶粒、比较致密的涂层；反之，当扩散速度小于反应速度时，单位时间内在 C/C 复合材料的表面形成有限的 SiC 晶核，从而形成大晶粒，则固相堆积比较疏松。扩散速度和反应速度与制备温度密切相关，有研究表明，包埋法制备 SiC 的最佳温度为 2073K，同时涂层的致密与否还和配料中 Si 的含量有关。当 Si 过量时，可以部分填充裂纹，使涂层的裂纹变细、变窄，抗氧化性增强[9]。图 3-4 为高含量 Si 时的涂层表面形貌，和图 3-2 相比，涂层表面的裂纹明显变细、变窄。

图 3-4　包埋法制备 SiC 涂层表面形貌

正是由于液体硅和固体碳之间存在着化学反应，在反应开始时，C/C 复合材料表面存在固体碳的堆积，反应中如果碳与碳之间的空隙得不到填充，涂层中必然会留下孔洞。不论涂层是否致密，当温度从制备时的高温降至室温时，由于形成的涂层和 C/C 复合材料之间热膨胀系数的不匹配，很容易在涂层表面形成贯穿性的裂纹。要避免这些微裂纹和孔洞的产生，只有在不降低 SiC 涂层的抗氧化性能的前提下，添加改性剂，从而在 C/C 复合材料表面生成复合涂层而不是单一的 SiC 涂层。第二相的引入，可以细化 SiC 晶粒，使其热膨胀系数和 C/C 复合材料相近，在温度发生变化时，不会在涂层表面产生裂纹和孔隙。因此可以通过添加改性剂的方法来控制涂层微裂纹的产生。

3.3.2　改性剂对裂纹的控制作用

图 3-5 是添加改性剂后制备涂层表面形貌扫描电镜图。从图中可以看出，涂层表面很难看到团聚的晶体颗粒，晶粒细小，涂层表面相对平整，看不见明显的裂纹存在，是一种典型的网状结构，这种结构是制备外涂层所需要的。图 3-6 是其局部的放大图，从图 3-6 中可以看出其网格结构明显，也不存在裂纹。

图 3-5　添加改性剂的 SiC 涂层表面形貌

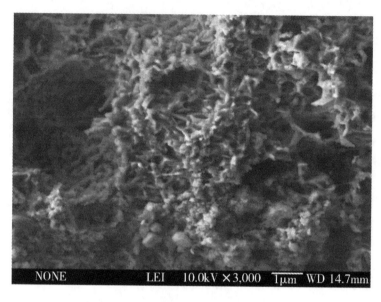

图 3-6　图 3-5 的局部放大照片

　　图 3-7 是添加改性剂的涂层断面显微形貌照片。从图 3-7 中可以看出,有改性剂制备的涂层断面致密,不存在空洞和裂纹,涂层材料已经渗入到基体的内部,涂层与基体呈犬牙交错的结合形式,从而形成了组分呈梯度过渡的 SiC 涂层,这种结合有利于涂层抗氧化性能的提高。

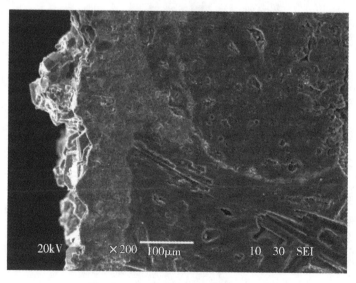

图 3-7　添加改性剂的断面形貌

改性剂之所以能够起到消除裂纹和孔洞的作用，是因为改性剂的加入，在 C/C 复合材料的表面生成了复相涂层，而不是单一的 SiC 涂层。第二相的引入，在形成晶体时可以细化 SiC 晶粒，同时在第二相附近存在的残余应力也可引起裂纹的闭合效应以及裂纹扩展转向而引起的弯曲效应，大大减少了裂纹的产生[10]。从图 3-6 可以看出，在涂层形成过程中，第二相颗粒的存在明显阻止了 SiC 晶粒长大，随着第二相颗粒体积分数的增加，涂层的组织结构得以细化。

3.3.3　涂层的抗氧化效果

涂层成分的变化必定影响其抗氧化性能。对带有涂层的试样，在静态自然对流空气中进行了 1773K 等温氧化试验。通过比较，考察添加改性剂前后涂层的抗氧化性能。图 3-8 为无改性剂涂层和有改性剂涂层在温度为 1773K 的空气中的等温氧化曲线。从图 3-8 可以看出，和无改性剂的 SiC 涂层相比，有改性剂涂层的抗氧化性有了很大提高。经过 5h 氧化后，带有 SiC 涂层的 C/C 复合材料的氧化失重为 11.26%，而有改性剂的 SiC 涂层的 C/C 复合材料经过 4h 氧化后表现为质量增加 0.18%。经过 49h 的氧化后，有改性剂的 SiC 涂层的 C/C 复合材料氧化失重仅为 2.18%，失重率为 $1.17 \times 10^{-4} \mathrm{g/(cm^2 \cdot h)}$。

有改性剂的 SiC 涂层抗氧化性能的提高主要是由于涂层致密、不存在孔洞和微裂纹等缺陷，当试样被高温氧化时，可有效阻止氧气向涂层和基体内部的扩散。

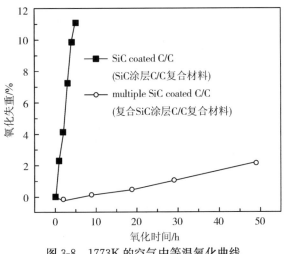

图 3-8　1773K 的空气中等温氧化曲线

3.4 结　论

（1）包埋法制备的 SiC 内涂层存在微裂纹、孔洞缺陷。缺陷的形成和粉料配比、工艺过程等因素直接相关。

（2）通过添加改性剂，可以对微裂纹和孔洞进行控制，通过加入量的控制可以得到无缺陷的内涂层。

（3）添加改性剂的 SiC 内涂层在性能上优于无改性剂的 SiC 内涂层。温度在 1773K 下的氧化试验表明，其抗氧化性有了很大提高。

参 考 文 献

［1］ Hatta H，Aoki T，Kogo Y，et al. High-temperature oxidation behavior of SiC-coated carbon fiber-reinforced carbon matrix composites. Composites Part A：Applied Science and Manufacturing，1999，30：515-520.

［2］ Westwood M E，Webster J D，Day R J，et al. Oxidation protection for carbon fiber composites. Journal of Materials Science，1996，31：1389-1397.

［3］ 黄剑锋，李贺军，熊信柏，等. 炭/炭复合材料高温抗氧化涂层的研究进展. 新型炭材料，2005，20(4)：373-378.

［4］ Strife J R，Sheehan J E. Ceramic coatings for carbon-carbon composites. Ceram Bull，1988，67：369-374.

［5］ 吴守军，成来飞，张立同，等. 化学气相沉积碳化硅涂层缺陷形成的机制及控制. 硅酸盐学报，2005，33(4)：443-446.

［6］ Kim J I，Kim W J，Choi D J，et al. Design of a C/SiC functionally graded coating for the oxidation protection of C/C composites. Carbon，2005，43：1749-1757.

［7］ Takuya A，Hiroshi H，Taku H，et al. SiC/C multi-layered coating contributing to the antioxidation of C/C composites and the suppression of through-thickness cracks in the layer. Carbon，2001，39：1477-1483.

［8］ Fu Q G，Li H J，Shi X H，et al. Silicon carbide coating to protect carbon/carbon composites against oxidation. Scripta Materialia，2005，52：923-927.

［9］ Huang J F，Zeng X R，Li H J，et al. Influence of the preparation temperature on the phase，microstructure and anti-oxidation property of a SiC coating for carbon/carbon composites. Carbon，2004，42：1517-1521.

［10］ 赵宝荣，王建军，Sasaki M，等. SiC-TiC 陶瓷韧化机制探讨. 兵器材料科学与工程，1996，19(1)：3-9.

第4章　包埋法制备 C/C 复合材料抗氧化 SiC-MoSi$_2$-(Ti$_{0.8}$Mo$_{0.2}$)Si$_2$ 涂层的研究

4.1　引　　言

C/C 复合材料采用的陶瓷涂层体系中，SiC 陶瓷涂层具有较好的抗氧化效果，理论上具备温度在 1973K 条件下的防护能力[1,2]。但由于 SiC 与 C/C 复合材料在热膨胀系数上的差异，涂层有产生裂纹或开裂等缺陷的倾向，使 SiC 涂层的实际防护能力受到限制[3]。

在第 3 章中，对包埋法制备 SiC 内涂层缺陷的形成机制进行了研究，提出了通过添加改性剂对微裂纹和孔洞进行控制的方法。为了进一步提高 SiC 涂层的性能，本章对 SiC 的复合化进行研究，采用原位形成 MoSi$_2$ 和 TiSi$_2$ 的方法，设计和制备了在网状的 SiC 结构中填充高性能的 MoSi$_2$ 和微量的 TiSi$_2$ 的 SiC-MoSi$_2$-(Ti$_{0.8}$Mo$_{0.2}$)Si$_2$ 多组分单层涂层以及带有 SiC 内涂层的双层 SiC-MoSi$_2$-(Ti$_{0.8}$Mo$_{0.2}$)Si$_2$ 多层涂层。这一类型的涂层在高温氧化时，生成的玻璃态的 SiO$_2$ 可以愈合涂层在气体逸出时留下的微孔。TiO$_2$ 的生成，使涂层体积有所膨胀，可以封闭 SiC 基体因氧化而产生的微裂纹，提高涂层的抗氧化能力，因此这种涂层具有高温自愈合功能。同时，考察了这两种涂层表面和断面的组织结构形貌及温度在 1773K 下的等温抗氧化性能，最后分析了涂层被氧化的规律和机理。

MoSi$_2$ 是 Mo-Si 二元合金系中 Si 含量为 40%（质量分数）时的中间相，属于道尔顿 C11b 金属间化合物。这种晶体结构是由 3 个体心立方晶胞沿 C 轴方向经过 3 次重叠形成的，Mo 原子坐落其中心结点及 8 个顶角，Si 原子位于其余结点，从而构成了稍微特殊的体心正方晶体结构。在这种结构中，Si 原子间组成共价键，Mo 原子间由金属键结合，从而使其既具有金属特性又具有陶瓷特性。由此使 MoSi$_2$ 材料具有高熔点、优异的高温抗氧化性能、良好的导电和导热性，从而成为高温结构材料研究的热点[4]。MoSi$_2$ 在 1873K 的氧化气氛下具有高温稳定性和自愈合功能，所以可以达到较好的抗氧化效果，已广泛应用于高温合金、难熔金属的抗氧化涂层。$MoSi_2$ 和 $TiSi_2$ 的物理性质列于表 4-1 中。

表 4-1　$MoSi_2$ 和 $Ti Si_2$ 的物理性质[5]

材料	熔点/℃	密度/(g/cm³)	硬度(HV)/(kg/mm²)	晶体结构	热膨胀系数/(×10⁻⁶K⁻¹)	比热容/[J/(g·K)]	热导率/[W/(m·K)]	电阻率/(×10⁻⁶Ω·cm)
$MoSi_2$	2030～2120	6.26	1290	四方晶体	8.84	0.54	59.03	21.5
$TiSi_2$	1540	4.15	1039	斜方	8.31	0.335～0.502	—	18.0

但是由于 $MoSi_2$ 的热膨胀系数与 C/C 复合材料（热膨胀系数约为 1.2×10^{-6} K^{-1}）相差较大，单独使用会导致涂层的开裂和剥落，从而使涂层失效[6,7]。结合 SiC 和 $MoSi_2$ 的性质特点，反应烧结制备的 SiC-$MoSi_2$ 复相材料的强度随 SiC（热膨胀系数为 4.7×10^{-6} K^{-1}，熔点 2723K，密度 3.21g/cm³）相含量的增加而增加，在 SiC 含量为 40% 时达到最高，而电阻率则随 SiC 含量的增加而减少。包埋法制备的 $MoSi_2$-SiC 涂层由致密的 SiC 层和有梯度的 $MoSi_2$-SiC 双相层组成，涂层致密，但有少数裂纹[8,9]。所以研究 $MoSi_2$ 合金化和复合化进行增韧和补强成为 $MoSi_2$ 被广泛应用的关键。

近几年来，国外通过将 $MoSi_2$ 与其他硅化物（如 WSi_2）进行合金化和在 $MoSi_2$ 中加入增强体（如高强度陶瓷 SiC、TiB_2、HfB_2、TiC、ZrO_2 等）或延性金属（如 Nb、Ta、Mo、W 等）研制出了一系列 $MoSi_2$ 基复合材料，其中 SiC 是使用和研究最多的增强剂之一。SiC 的加入不仅较大地改善了 $MoSi_2$ 基体的韧性，而且其高温抗氧化性比纯 $MoSi_2$ 更好，但该系复合材料存在的问题是由于 SiC 与基体相的热膨胀系数相差较大，会使脆性的基体产生微裂纹，因而防止基体开裂是进一步提高其性能的关键。与 SiC 相比，TiC 具有更高的熔点（3340K）、强度和弹性模量，而且 TiC（热膨胀系数为 7.74×10^{-6} K^{-1}）与 $MoSi_2$ 的热膨胀系数相近。研究表明，在 $MoSi_2$ 基体中加入 TiC 颗粒，能细化基体的晶粒，改善其力学性能，大大提高了 $MoSi_2$ 的高温承载能力，随着 TiC 颗粒含量的增加，复合材料的高温抗弯强度大幅度增加[10]。

$TiSi_2$ 为 C_{54} 结构，其晶格常数为 $a=0.8275$nm，$b=0.4799$nm，$c=0.8547$nm，密度为 4.07g/cm³，熔点为 1813K，热膨胀系数为 8.31×

10^{-6}K^{-1}。TiSi$_2$ 具有较好的高温稳定性、较高的高温强度和良好的抗氧化性，有希望成为温度在 1473K 以上使用的结构材料。TiSi$_2$ 的物理性质如表 4-1[5] 所示。常温下 TiSi$_2$ 的脆性较大，但是 TiSi$_2$ 和 SiC 能够在高温相容，且 SiC 高温不软化。以 Si 粉和 TiC 粉为原料，通过反应热压制得的 SiC 纳米粒子复合的 TiSi$_2$ 材料具有优良的性能[11]。

由此可见，SiC、MoSi$_2$、TiSi$_2$ 三者高温是完全可以互熔的。TiSi$_2$ 的加入，可以提高 SiC-MoSi$_2$ 材料的高温韧性，细化晶粒尺寸，减少微裂纹的产生。

据美国公开专利报道，制备 C/C 复合材料的 Mo-Si-Ti 的合金涂层，其耐火相的 Ti$_{0.4\sim0.95}$Mo$_{0.6\sim0.05}$Si$_2$ 周围的裂纹完全被 MoSi$_2$、SiTi$_{0.4\sim0.95}$、TiSi$_2$ 等密封，阻挡了氧气的渗透，在 2048K 氧化 2h 而无明显变化[12]。其氧化机制仍然是合金氧化后在表面生成玻璃态的 SiO$_2$ 和 TiO$_2$ 而起抗氧化作用。

4.2　涂层的结构设计

4.2.1　单层涂层的结构设计

单层涂层即在 C/C 复合材料的表面直接包埋形成 SiC-MoSi$_2$-(Ti$_{0.8}$Mo$_{0.2}$)Si$_2$ 多组分涂层。其结构设计图如图 4-1 所示。

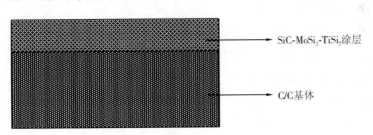

图 4-1　单层涂层结构设计示意图

4.2.2　多层涂层的结构设计

首先采用包埋法制备多孔的 SiC 内黏结涂层，然后再包埋一次 SiC-MoSi$_2$-(Ti$_{0.8}$Mo$_{0.2}$)Si$_2$ 涂层，在 SiC 的孔隙中渗入 MoSi$_2$ 和 TiSi$_2$，以达到结合良好的目的。最后在材料的表面再制备一层 SiC-MoSi$_2$-(Ti$_{0.8}$Mo$_{0.2}$)Si$_2$ 涂层。多层涂层的结构设计示意图如图 4-2 所示。

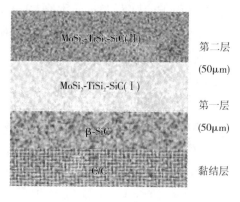

图 4-2　多层涂层的结构

4.3　涂层的制备工艺

4.3.1　单层涂层的制备工艺

1) 实验用材料

所采用的 C/C 复合材料及其预处理方法见 2.2.2 小节。

选择高纯度($\geqslant$99.5%)的 Si 粉、C 粉、$MoSi_2$ 粉、TiC 粉、Al_2O_3 粉及少量添加剂，分别经 300 目过筛，按照设计的比例混合，并搅拌均匀，作为包埋粉料备用。

2) 涂层的制备

将准备好的 C/C 复合材料试样放入石墨坩埚里，并埋入不同成分的包埋粉料中。在氩气的保护下，于 1973～2273K 保温一段时间，随后降至室温，从粉体中取出 C/C 复合材料试样，清洗之后，即可得到所需要的复合涂层涂覆的 C/C 复合材料。详细工艺过程同 3.2.1 小节。

4.3.2　多层涂层的制备工艺

1) 实验用材料

选择高纯度($\geqslant$99.5%)的 Si 粉、C 粉、Al_2O_3 粉及少量添加剂，分别经 300 目过筛，按照设计的比例混合，并搅拌均匀，作为包埋 SiC 内涂层粉料备用。

选择高纯度($\geqslant$99.5%)的 Si 粉、C 粉、$MoSi_2$、TiC 少量添加剂，

分别经 300 目过筛，按照表 4-2 设计的比例混合，并搅拌均匀，作为包埋外涂层粉料备用。

表 4-2　包埋原料的组成

化学原料	纯度	目数/目	含量/%	
			第一次包埋	第二次包埋
Si	分析纯	300	40～50	20～25
C	分析纯	300	10～20	5～10
MoSi$_2$	分析纯	325	8～25	15～40
TiC	分析纯	300	10～15	20～30

2) 多层涂层的制备

SiC 内涂层的制备详见 3.2.1 小节。

外涂层的制备方法为：将准备好的 C/C 复合材料试样放入石墨坩埚里，并埋入不同成分的包埋粉料中。将坩埚放入石墨化炉中，在氩气保护状态下 2173～2273K 保温 2h。随后降至室温，从粉体中取出 C/C 复合材料试样，清洗之后，即可得到所需要的复合涂层涂覆的 C/C 复合材料。这一过程进行两次，详细的制备过程同 3.2.1 小节。

4.4　涂层的表面特征和性能测试

按照 3.3.2 小节中所述的涂层表面特征和性能测试方法，对制备的带有涂层的 C/C 复合材料进行涂层的显微结构及能谱分析、X 射线衍射分析、高温抗氧化性能分析测试。

4.5　结果与讨论

4.5.1　SiC-MoSi$_2$-(Ti$_{0.8}$Mo$_{0.2}$)Si$_2$ 复相陶瓷单层涂层

1. 涂层的表面微观组织分析

一次包埋制备的 C/C 复合材料 SiC-MoSi$_2$-(Ti$_{0.8}$Mo$_{0.2}$)Si$_2$ 复相陶瓷涂层的表面显微形貌、面能谱如图 4-3 所示。从表面显微形貌 [图 4-3(a)] 可以看出，涂层具多相结构（灰色、白色及灰白相间相），相 2（灰白相间）和相 3（白色）均匀分散在相 1（灰色）上，其上看不到小的孔隙，相 1 上的空隙和裂纹被相 2 和相 3 填充。经面能谱分析［图 4-3 (b)］表明，涂层由 C、Si、Mo、Ti 等元素组成。进一步用 X 射线衍射谱分析(图 4-4)，涂层由 $MoSi_2$、β-SiC 和 $(Ti_{0.8}Mo_{0.2})Si_2$ 三相组成，具有 $MoSi_2$、$TiSi_2$ 和 SiC 构成的复相结构。根据背散射成像的原理，我们可以知道：相 1 为 β-SiC；相 2 为 $(Ti_{0.8}Mo_{0.2})Si_2$；相 3 为 $MoSi_2$。

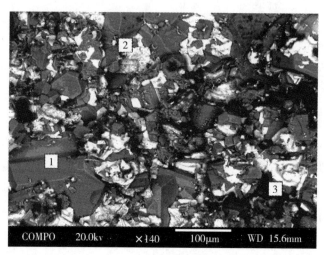

(a) 显微形貌

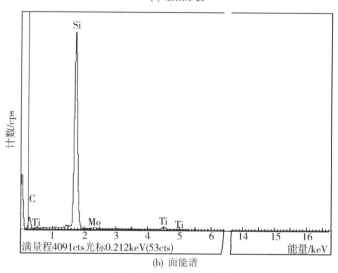

(b) 面能谱

图 4-3　SiC-$MoSi_2$-$(Ti_{0.8}Mo_{0.2})Si_2$ 复相陶瓷涂层的显微形貌和面能谱

在 SiC-$MoSi_2$-$(Ti_{0.8}Mo_{0.2})Si_2$ 复相陶瓷涂层结构中，$MoSi_2$ 和 $(Ti_{0.8}Mo_{0.2})Si_2$ 均匀分散于 SiC 连续相上。根据 $MoSi_2$ 和 $(Ti_{0.8}Mo_{0.2})Si_2$ 相

的组织形态和涂层的制备工艺，可以认为，扩散反应生成的 SiC 层上的孔隙被 MoSi$_2$ 和 (Ti$_{0.8}$Mo$_{0.2}$)Si$_2$ 充分填充是 SiC-MoSi$_2$-(Ti$_{0.8}$Mo$_{0.2}$)Si$_2$ 外层的形成机理。因此，MoSi$_2$ 和 (Ti$_{0.8}$Mo$_{0.2}$)Si$_2$ 的组织特征，包括晶粒形貌、大小、含量等，由 SiC 层中的孔隙形态、大小和比例所决定。

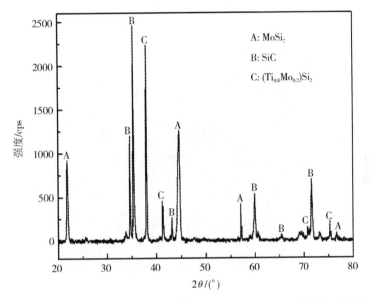

图 4-4　SiC-MoSi$_2$-(Ti$_{0.8}$Mo$_{0.2}$)Si$_2$ 复相陶瓷涂层涂层的 X 射线衍射图谱

在涂层的整个结构中，主要成分的 SiC 作为基体与涂层的中间过渡相，一方面可以避免 MoSi$_2$、(Ti$_{0.8}$Mo$_{0.2}$)Si$_2$ 与 C/C 基体结合时因两者热膨胀系数不相匹配所导致的开裂，有效降低涂层的热应力；另一方面，涂层结构中的 SiC-MoSi$_2$-(Ti$_{0.8}$Mo$_{0.2}$)Si$_2$ 相界面能够起到氧扩散阻挡层的作用。

2. 涂层的断面组成与结构分析

制备的带有 SiC-MoSi$_2$-(Ti$_{0.8}$Mo$_{0.2}$)Si$_2$ 复相陶瓷涂层的 C/C 复合材料的断面显微形貌和线能谱如图 4-5 所示。从图 4-5 可以看出，涂层厚度大约为 50 μm，其中 MoSi$_2$ 和 (Ti$_{0.8}$Mo$_{0.2}$)Si$_2$ 晶粒细小，涂层完整，没有产生裂纹。所有裂纹扩展无法穿过 MoSi$_2$ 和 (Ti$_{0.8}$Mo$_{0.2}$)Si$_2$ 晶粒而被其所阻止，说明 SiC-MoSi$_2$-(Ti$_{0.8}$Mo$_{0.2}$)Si$_2$ 相界面能够避免形成导致涂层失效的穿透裂纹。从断面的线扫描可以看出，MoSi$_2$ 和 (Ti$_{0.8}$Mo$_{0.2}$)Si$_2$ 均

匀分布于涂层中，一些已经浸渗到基体的内部。同时也发现，Ti 元素在涂层和基体的结合部分以及涂层表面含量较高。这样的结构有利于涂层和基体的有机结合和提高涂层的抗氧化性能。因为 TiC(或 TiSi$_2$) 是一种理想的抗氧化过渡层或黏结层材料，其热膨胀系数(CTE)和 C/C基体相差不大，可以有效防止基体碳的向外扩散[13,14]。在涂层中加入 TiSi$_2$ 组元后，在高温氧化时，生成的 TiO$_2$，其体积有所膨胀，可以封闭基体因氧化而产生的微裂纹，使其氧化质量损失速率降低，抗氧化性能得到明显改善。

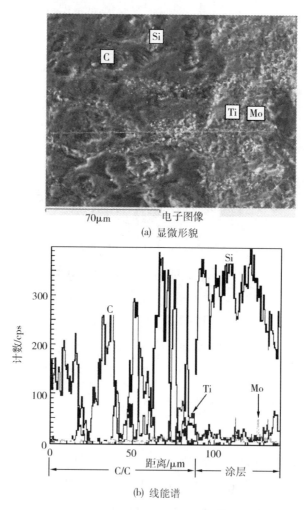

(a) 显微形貌

(b) 线能谱

图 4-5　带有 SiC-MoSi$_2$-(Ti$_{0.8}$Mo$_{0.2}$)Si$_2$ 复相陶瓷涂层的 C/C复合
材料的断面显微形貌和线能谱

3. 涂层的抗氧化机理探讨

图 4-6 为带有 SiC-MoSi$_2$-(Ti$_{0.8}$Mo$_{0.2}$)Si$_2$ 复相陶瓷涂层的 C/C 复合材料在 1773K 的等温氧化曲线。从图 4-6 可以看出,和 SiC 涂层的 C/C 相比,带有 SiC-MoSi$_2$-(Ti$_{0.8}$Mo$_{0.2}$)Si$_2$ 复相陶瓷涂层的 C/C 复合材料的抗氧化性有了很大提高。5h 氧化后,带有 SiC 涂层的 C/C 复合材料的氧化失重为 11.26%,而有 SiC-MoSi$_2$-(Ti$_{0.8}$Mo$_{0.2}$)Si$_2$ 复相陶瓷涂层的 C/C 复合材料 4h 氧化后表现为质量增加为 0.18%。经 49h 的氧化失重仅为 2.18%,失重率为 1.17×10^{-4} g/(cm^2·h)。54h 氧化后,氧化失重为 7.66%,失重率为 3.75×10^{-4} g/(cm^2·h)。

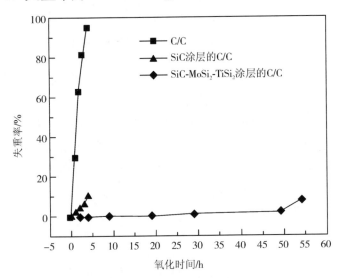

图 4-6 样品在 1773K 空气中的等温氧化曲线

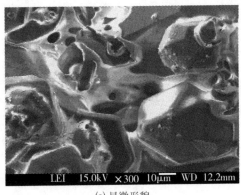

(a) 显微形貌

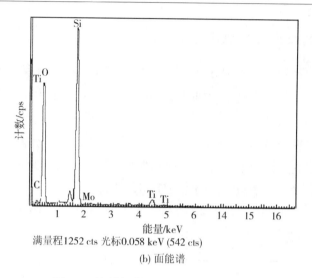

(b) 面能谱

图 4-7　涂层氧化后的显微形貌和面能谱

　　图 4-7 为带有 $SiC\text{-}MoSi_2\text{-}(Ti_{0.8}Mo_{0.2})Si_2$ 复相陶瓷涂层的 C/C 复合材料在 1773K 氧化 49h 后的显微形貌[图 4-7(a)]和面能谱图[图 4-7 (b)]。观察经过氧化后的 $SiC\text{-}MoSi_2\text{-}(Ti_{0.8}Mo_{0.2})Si_2$ 复相陶瓷涂层的表面，可以发现有一层玻璃态物质生成，中间夹杂有微黄色的物质。表面能谱分析表明，涂层由 C、Si、O、Mo、Ti 等元素组成。进一步经 X 射线衍射谱(图 4-8)分析判断，它是一层高纯度的非晶态 SiO_2 和金红石结构的 TiO_2 组成。

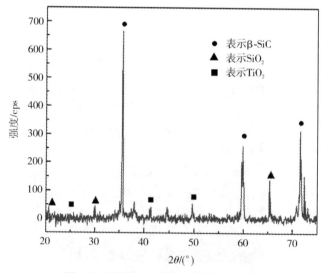

图 4-8　涂层氧化后的 X 射线衍射图谱

带有 SiC-MoSi$_2$-(Ti$_{0.8}$Mo$_{0.2}$)Si$_2$ 复相陶瓷涂层的 C/C 复合材料抗氧化性能的提高，主要是因为细小的 MoSi$_2$ 和(Ti$_{0.8}$Mo$_{0.2}$)Si$_2$ 微粒填充了多孔的 SiC 材料的空隙和裂纹，形成了多相的界面结构。另外，涂层氧化后，在表面上能形成致密、连续、稳定的玻璃质氧化物。发生的化学反应如式(4-1)至式(4-3)所示

$$SiC(s) + 2O_2(g) \longrightarrow SiO_2 + CO_2(g) \tag{4-1}$$

$$2MoSi_2(s) + 7O_2(g) \longrightarrow 4SiO_2(s) + 2MoO_3(g) \tag{4-2}$$

$$TiSi_2(s) + 3O_2(g) \longrightarrow 2SiO_2 + TiO_2(s) \tag{4-3}$$

上述化学反应的不断进行，将在材料表面形成完整的 SiO$_2$ 玻璃层。由于 SiO$_2$ 在高温下具有极低的氧渗透率，能起到氧阻挡作用，使氧扩散速度减慢；同时，生成的玻璃态的 SiO$_2$ 可以愈合涂层的微裂纹和气体逸出时留下的微孔。TiO$_2$ 的生成，其体积有所膨胀，可以封闭 SiC 基体因氧化而产生的微裂纹，起到抗氧化的作用。

按照上述涂层的反应，在样品氧化后，重量应该有所增加。但事实上氧化后的质量仅仅在氧化的前 4h 在增加，随后逐渐减少。因此我们推断，刚开始氧化时，因为有大量玻璃态物质生成，而且其生成速率大于它在高温下的蒸发速率，所以质量在增加。而随着氧化反应的进行，玻璃态物质的生成速率达到一个极限，而此时蒸发速率则大于玻璃态物质的生成速率，故质量损失会出现先增后降的现象。带有 SiC-MoSi$_2$-(Ti$_{0.8}$Mo$_{0.2}$)Si$_2$ 复相陶瓷涂层的 C/C 复合材料在 1773K 氧化 54h 后，氧化失重为 7.66%，失重率为 $3.75 \times 10^{-4} g/(cm^2 \cdot h)$，这说明涂层已被破坏，基体 C/C 可能已被部分氧化。图 4-9 为带有复相陶瓷涂层的 C/C 复合材料在 1773K 氧化 54h 后表面[图 4-9(a)]和断面[图 4-9(b)]的显微形貌。从图 4-9(a)中可以看到，涂层中存在一条贯穿性的裂纹。空气中的氧通过裂纹而使 C/C 复合材料氧化，因而发生氧化失重的情况。裂纹的产生是由于氧化失重试验中，试样要多次从 1773K 的电炉中取出，在很短的时间内从 1773K 剧冷到室温称重。涂层和 C/C 复合材料热膨胀系数的不匹配，很容易在涂层中形成裂纹。从图 4-9 (b) 中也可以看出，临近涂层的 C/C 基体已被部分氧化而形成一个空洞。虽然(Ti$_{0.8}$Mo$_{0.2}$)Si$_2$ 的加入可以封填材料在高温氧化时产生的空隙和裂纹，但由于包埋法制备中，试样的各个部位反应的状况不同，因此可能在部分局部产生一些缺陷。这些缺陷在高温氧化时

成为涂层的一个薄弱点，很容易形成裂纹或被氧化。因此要进一步提高涂层的抗氧化性必须考虑进行包埋工艺的改进。

(a) 表面的显微形貌

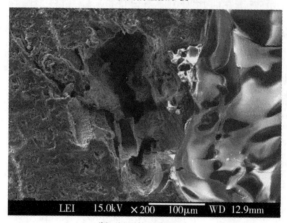

(b) 断面的显微形貌

图 4-9　涂层氧化后 54h 的表面和断面的显微形貌

4.5.2　SiC-MoSi$_2$-(Ti$_{0.8}$Mo$_{0.2}$)Si$_2$ 复相陶瓷多层涂层

1. 涂层的表面微观组织分析

图 4-10 为包埋法制备 SiC 内涂层及 SiC-MoSi$_2$-(Ti$_{0.8}$Mo$_{0.2}$)Si$_2$ 外涂层的 X 射线衍射图。图中 a 线为内层 SiC 的 X 射线衍射图。从图中可以看出，形成的内层 SiC 为 β-SiC。b 和 c 线分别为一次和二次包埋制备的 SiC-MoSi$_2$-(Ti$_{0.8}$Mo$_{0.2}$)Si$_2$ 多层高温抗氧化涂层的 X 射线衍射图。从中可以看出，一次包埋时，除了生成 β-SiC 和 MoSi$_2$ 外，还形成了 (Ti$_{0.8}$Mo$_{0.2}$)Si$_2$；

二次包埋时形成了 TiSi$_2$、MoSi$_2$、(Ti$_{0.8}$Mo$_{0.2}$)Si$_2$ 以及 β-SiC。

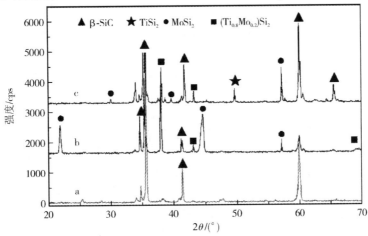

图 4-10　涂层的 XRD 图

a 线为 SiC 内涂层；b 线为一次包埋制备的多组分涂层；
c 线为二次包埋制备的 Si-Mo-Ti 多层高温抗氧化涂层

图 4-11 显示了二次包埋制备的 SiC-MoSi$_2$-(Ti$_{0.8}$Mo$_{0.2}$)Si$_2$ 多层高温抗氧化涂层表面的微观结构以及点能谱分析结果。很明显，涂层的表面具有多相结构(白色相 1、灰白相间相 2 以及灰色相 3)。通过点能谱分析可以得出：白色相 1 和灰白相间相 2 的组成元素为 Si、Mo 和 Ti，而灰色相 3 为 Si 和 C。因为图 4-10(c)显示了 β-SiC、MoSi$_2$、TiSi$_2$ 和 (Ti$_{0.8}$Mo$_{0.2}$)Si$_2$ 的形成，所以可以推断出：灰色相 3 为 β-SiC。白色相 1 和灰白相间相 2 是由 MoSi$_2$ 和 TiSi$_2$ 按不同的比率组成的金属间化合物混合体。根据扫描电镜背散射成像原理可知，MoSi$_2$ 在白色相 1 中的含量远远大于其在灰白相间相 2 中的含量。

(a) 表面SEM形貌

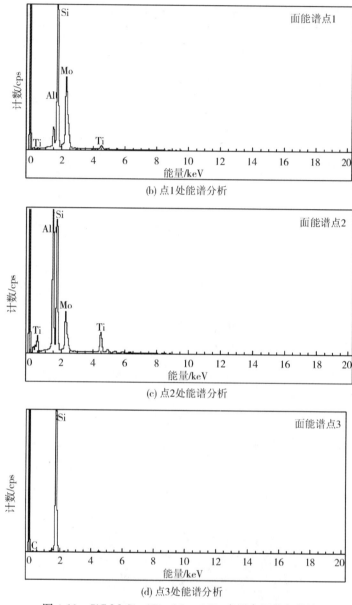

(b) 点1处能谱分析

(c) 点2处能谱分析

(d) 点3处能谱分析

图 4-11　SiC-MoSi$_2$-(Ti$_{0.8}$Mo$_{0.2}$)Si$_2$ 多层高温抗氧化涂
层表面的 SEM 形貌以及点能谱分析

　　这种 C/C 复合材料表面生成的复相涂层，可以细化 SiC 晶粒，
同时在第二相附近存在的残余应力也可引起裂纹的闭合效应以及
裂纹扩展转向而引起弯曲效应，大大减少涂层裂纹的产生，涂层
的组织结构得以细化。具有这种结构的涂层一定具有较好的高温

抗氧化性能。

由以上分析我们可以得出，SiC-MoSi$_2$-(Ti$_{0.8}$Mo$_{0.2}$)Si$_2$ 多层高温抗氧化涂层的形成机理和 SiC-MoSi$_2$-(Ti$_{0.8}$Mo$_{0.2}$)Si$_2$ 复相陶瓷单涂层的形成机理是一样的，都是由 β-SiC 结构中的孔洞和裂纹有效地被 MoSi$_2$ 和 TiSi$_2$ 所填充而形成的。

2. 涂层的断面组成与结构分析

图 4-12(a)显示了 SiC-MoSi$_2$-(Ti$_{0.8}$Mo$_{0.2}$)Si$_2$ 多层高温抗氧化涂层断面的扫描电镜图。从图中可以看出涂层厚度大约为 100 μm，涂层致密，在内层 SiC 和外涂层之间没有明显的界面。图 4-12(b)为 SiC-MoSi$_2$-(Ti$_{0.8}$Mo$_{0.2}$)Si$_2$ 多层高温抗氧化涂层断面的线扫描图，可以看出，包埋法制备多层涂层时，Mo 和 Ti 元素已经浸渗到整个涂层。由此也可以推断，包埋法制备的 SiC 是一种多孔结构的涂层。在整个涂层中，Si 元素的含量来自涂层中的 SiC、MoSi$_2$ 和 TiSi$_2$。同时，也可以看出，Si 元素在涂层的中间区域含量（第一次包埋外涂层）低于其他区域，但是 Mo 和 Ti 元素在此区域的含量远远高于其他区域。形成这一涂层结构的原因还待进一步研究。此外，Si 元素在基体和涂层的界面处浓度逐渐降低，在大约 10μm 的区域没有发现 O 元素存在，这意味着，包埋法制备的 SiC 内涂层是一个梯度 SiC 涂层。按照 Shiro[15] 和 Zhu 等[16]的研究，这一结构具有很好的热振性能和抗氧化性能。

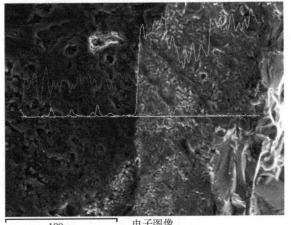

100μm 电子图像

(a) 断面SEM图

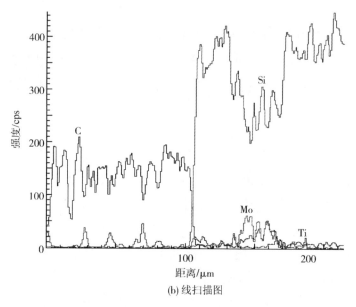

(b) 线扫描图

图 4-12　制备涂层的断面 SEM 图（a）和线扫描图（b）

3. 涂层的等温氧化结果以及抗氧化机理探讨

图 4-13 为带有 $SiC\text{-}MoSi_2\text{-}(Ti_{0.8}Mo_{0.2})Si_2$ 多组分复相陶瓷涂层的 C/C 复合材料在 1773K 的等温氧化曲线。从图中可以看出，79h 氧化后，涂层的 C/C 复合材料的氧化失重仅为 1.93%，失重率为 7.1×10^{-5} g/ $(cm^2 \cdot h)$。99h 氧化后，氧化失重为 5.69%，失重率为 1.7×10^{-4} g/$(cm^2 \cdot h)$。

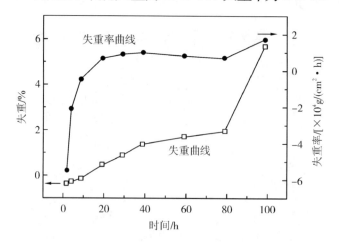

图 4-13　试样在 1773 K 下的等温氧化曲线（负的失重表示增重）

起初氧化 9h 后，涂层表现为氧化增重，增重为 0.16 ％，增重率为 5.0×10^{-5} g/(cm² · h)。

　　在整个等温氧化试验中，试样经历了从 1773 K 到室温的 9 次热循环后没有发现到裂纹和涂层的失效。这意味着制备的 SiC-MoSi₂-(Ti₀.₈Mo₀.₂)Si₂ 多组分复相陶瓷涂层具有较好的热震性能。

　　带有 SiC-MoSi₂-(Ti₀.₈Mo₀.₂)Si₂ 多组分复相陶瓷多层涂层的 C/C 复合材料抗氧化性能的提高，主要在于细小的 MoSi₂、TiSi₂ 微粒填充了多孔的 SiC 材料的空隙和裂纹，形成了多相的界面结构。带有 SiC-MoSi₂-(Ti₀.₈Mo₀.₂)Si₂ 多组分复相陶瓷涂层的 C/C 复合材料在 1773K 氧化 79h 后的显微形貌见图 4-14(a)。从图中可以看出，在其表面形成了一层玻璃层。这是由于 MoSi₂、TiSi₂ 和 SiC 的氧化而形成的。从图 4-14(a)还可以看出，涂层氧化后表面形成了许多针状小孔和气泡，这是涂层氧化形成的气体溢出涂层时造成的。这些针状小孔和气泡就成了空气进入涂层的有效通道，从而导致样品失重直线上升。样品在 1773K 氧化 79 h 后的面能谱图如图 4-14(b)所示，涂层表面存在的元素有 O、Si、Mo 和 Ti。由此我们可以推断，涂层氧化时发生的化学反应方程式如式(4-1)至式(4-3)以及下式(4-4)所示：

$$10(Ti_{0.8}Mo_{0.2})Si_2(s) + 31O_2(g) \longrightarrow 2MoO_3(g) + 20SiO_2(s) + 8TiO_2(s)$$
$$(4\text{-}4)$$

　　随着上述反应的不断进行，在材料表面形成完整的 SiO₂ 玻璃层，由于 SiO₂ 在高温下具有极低的氧渗透率，能起到氧阻挡作用，使氧扩散速率减慢；同时，生成的玻璃态的 SiO₂ 可以愈合涂层的微裂纹和气

(a) 表面形貌

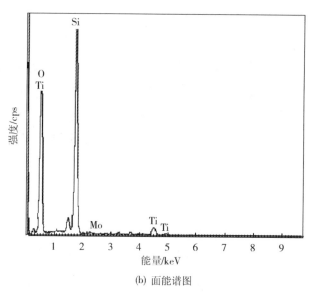

(b) 面能谱图

图 4-14　试样在 1773K 氧化 79h 后的表面形貌和面能谱图

体逸出时留下的微孔。TiO_2 的生成，其体积有所膨胀，可以封闭 SiC
基体因氧化而产生的微裂纹，起到抗氧化的作用。

　　图 4-15 是试样在 1773K 氧化 79h 后的 X 射线衍射图。从图中可以
看出，同图 4-10 相比较，SiC 的衍射峰减弱，$MoSi_2$ 和 $TiSi_2$ 的衍射峰
消失，而出现了 SiO_2 和 TiO_2 弱峰。这表明涂层在 1773K 氧化时，
$MoSi_2$、$TiSi_2$ 和部分的 SiC 已经氧化转变为 SiO_2 玻璃相，发生的化学
反应式如式(4-1)～式(4-4)所示。

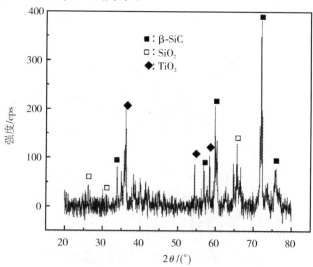

图 4-15　试样在 1773K 氧化 79h 后的 X 射线衍射图

当试样在空气中恒温氧化时间超过 79h 以后，氧化失重随时间的延长而直线上升。氧化 99h 后，氧化失重为 5.69 %，相应的失重率为 $1.7×10^{-4} g/(cm^2 · h)$。这表明这时试样的氧化失重主要由于 C/C 复合材料基体的氧化而引起的。图 4-16(a) 显示了试样氧化 99h 后表面的 SEM 图，从图中可以看出，涂层表面出现了一条贯穿性的裂纹。这一裂纹的产生是由于氧化失重试验中，试样要多次从 1773K 的电炉中取出，在很短的时间内从 1773K 剧冷到室温称重 9 次。涂层和 C/C 复合材料热膨胀系数的不匹配，很容易在涂层中形成裂纹，虽然这些裂纹当再次升温到 1773K 可以重新闭合。氧会很容易地通过这些裂纹而氧化 C/C 复合材料的基体。所以当氧化时间超过 79h 后，试样的氧化失重主要由于氧穿过这些裂纹引起 C/C 复合材料基体的氧化而造成的。

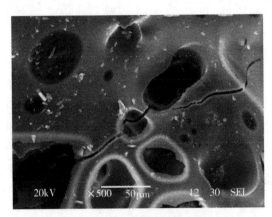

(a) 表面的显微形貌

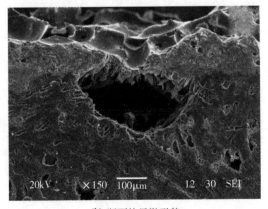

(b) 断面的显微形貌

图 4-16　试样在 1773K 氧化 99h 后表面和断面的显微形貌

从图 4-16(b)中也可以看出，在贯穿性的裂纹附近临近涂层的 C/C 基体已被部分氧化而形成一个大的空洞。虽然 $MoSi_2$ 和 $TiSi_2$ 的加入可以封填材料在高温氧化时产生的空隙和裂纹，但由于包埋法制备中，试样的各个部位反应的状况不同，因此可能在局部产生一些孔洞或者裂纹的缺陷。这些缺陷在涂层高温氧化时成为涂层的一个薄弱点，很容易形成裂纹或被氧化。

4.6　C/C 复合材料抗氧化 $SiC\text{-}MoSi_2\text{-}(Ti_{0.8}Mo_{0.2})Si_2$ 单层涂层及多层涂层抗氧化机理分析

Savage[17] 在其 *Carbon-Carbon Composites* 一书中对无涂层碳/碳复合材料的氧化行为进行了研究，认为碳/碳复合材料是一种多孔性材料，基体内部存在许多缺陷，使材料产生许多内表面。这些表面及其棱角边缘具有较低表面自由能，对氧分子的吸附和反应能力较强，成为氧化反应活化点。基体材料的石墨化程度较碳纤维差，这些纤维间的非晶态碳层比石墨碳有更大的氧化倾向，而且形成的缺陷为氧的快速扩散提供了通道，使得氧化过程优先在基体发生。被氧化时，介质中的氧被吸附到材料表面，通过材料的空隙向内部扩散，以材料缺陷为活性中心，并在杂质微粒的催化下发生氧化反应，生成 CO、CO_2。最后，气体从材料表面脱附。之后许多国内外学者的研究也证明了这一点[18-19]。

在带有涂层的 C/C 复合材料的氧化研究方面，Wu[20]、成来飞[21,22]、黄剑峰[23-25]、曾燮榕[9]、Han[26] 等进行了一系列研究，都得出了如下的结论。当氧化温度较低时，带有涂层碳/碳复合材料的氧化过程是一个受氧气在晶界和缺陷处的扩散所控制的；当温度升高时，这时氧在裂纹处有扩散，也存在涂层玻璃相的愈合以及愈合后氧在新相中的扩散，氧化失重与时间的关系复杂；当氧化温度大于裂纹愈合温度后，这时在涂层中已经形成致密的玻璃涂层，因此，其氧化受氧在致密的玻璃涂层中的扩散所控制。

从以上讨论可以看出，自制的一次包埋和二次包埋 C/C 复合材料 $SiC\text{-}MoSi_2\text{-}(Ti_{0.8}Mo_{0.2})Si_2$ 抗氧化涂层都具有 $MoSi_2$、$TiSi_2$ 和 SiC 构成的复相结构。因为它们具有相同的显微结构和物相组成，所以当它们被氧化时，一定具有相同的氧化行为和机理。

自制的一次包埋和二次包埋涂层的C/C复合材料进行了1773K下的静态抗氧化试验结果如图4-17和图4-18所示。

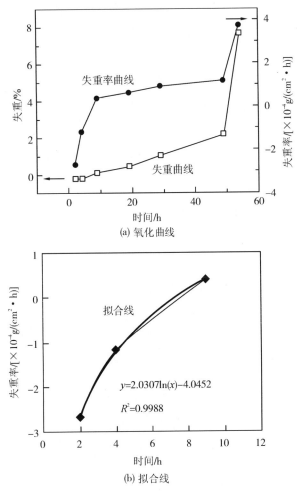

图 4-17 一次包埋涂层C/C复合材料1773K下的氧化曲线和拟合线

图 4-17(a)可以看出：从2～9h，涂层C/C复合材料表现为氧化增重，氧化失重率和时间可拟合成对数曲线[图4-17(b)]，随着时间的增加，氧化失重和氧化失重率逐渐增大；从9～29h，涂层C/C复合材料表现为缓慢的氧化失重，氧化失重率和时间可拟合成直线；从29～49h，涂层C/C复合材料表现为更为缓慢的氧化失重，氧化失重率几乎没有变化，氧化失重率和时间可拟合成一条平行于x轴的直线；氧

化时间超过 49h,氧化失重和氧化失重率随时间直线上升。

图 4-18(a)可以看出:从 2～19h,涂层 C/C 复合材料表现为氧化增重,氧化失重率和时间可拟合成对数曲线[图 4-18(b)],随着时间的增加,氧化失重和氧化失重率逐渐增大;从 19～39h,涂层 C/C 复合材料表现为缓慢的氧化失重,氧化失重率和时间可拟合成直线;从 39～79h,涂层 C/C 复合材料表现为更为缓慢的氧化失重,氧化失重率随时间缓慢减少,氧化失重率和时间可拟合一条直线;氧化时间超过 79h 后,氧化失重和氧化失重率随时间也直线上升。

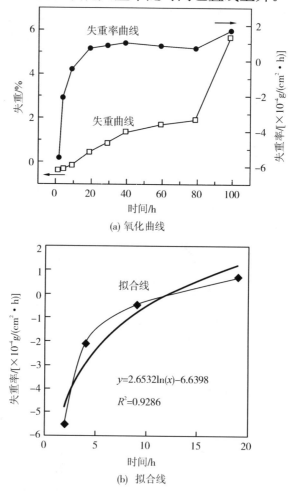

(a) 氧化曲线

$y = 2.6532\ln(x) - 6.6398$

$R^2 = 0.9286$

(b) 拟合线

图 4-18　二次包埋涂层 C/C 复合材料 1773K 下的氧化曲线和拟合线

从图 4-17 和图 4-18 可以看出,一次包埋和二次包埋涂层的 C/C 复合材料在 1773K 下的氧化曲线具有相同的变化趋势,这是因为它们

具有相同的组织结构、化学成分和氧化机理。当涂层被氧化时，氧化
失重和失重率主要取决于涂层的氧化损失和玻璃态物质的生成。在涂
层被氧化的初期，整个涂层表面被氧化，生成玻璃态物质的速率大于
涂层表面物质的挥发损失，因此表现为氧化增重；氧化中期，氧化失
重受玻璃质的形成速率和蒸发速度控制，氧化气体逸出形成的气孔
(图 4-16) 仅仅在涂层的表面出现，并未深及 C/C 材料的本体，因此
表现为缓慢的氧化失重，氧化失重与时间的关系曲线为直线型；随后，
涂层上出现裂纹的形成和愈合过程，涂层深层被氧化，表现为较快的
氧化失重，氧化失重与时间的直线斜率变小，氧化失重率和时间的直
线斜率几乎为 0[图 4-17(b)]或变为负数[图 4-18(b)]；最后，涂层局部
被破坏，基体被氧化(图 4-19)，氧化失重（率）直线上升。

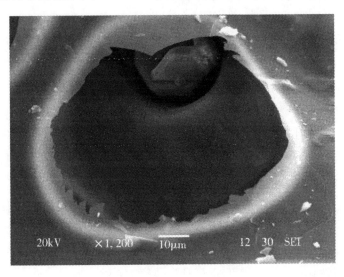

图 4-19 涂层氧化后表面形成的气孔

4.7 结　论

（1）采用原位形成 MoSi$_2$ 和 TiSi$_2$ 的方法，用包埋法制备了 C/C
复合材料 SiC-MoSi$_2$-(Ti$_{0.8}$Mo$_{0.2}$)Si$_2$ 复相单层陶瓷涂层及带有 SiC 内涂
层的双层 SiC-MoSi$_2$-(Ti$_{0.8}$Mo$_{0.2}$)Si$_2$ 多层涂层。

（2）C/C 复合材料 SiC-MoSi$_2$-(Ti$_{0.8}$Mo$_{0.2}$)Si$_2$ 复相单层陶瓷涂层及
多层涂层具有 MoSi$_2$、TiSi$_2$、(Ti$_{0.8}$Mo$_{0.2}$)Si$_2$ 均匀分散于 SiC 连续相的

组织形态和涂层结构，可以认为，扩散反应生成的 SiC 层上的孔隙被 $MoSi_2$、$TiSi_2$、$(Ti_{0.8}Mo_{0.2})Si_2$ 充分填充是其形成机理。相区中的相界面和 $MoSi_2$、$TiSi_2$、$(Ti_{0.8}Mo_{0.2})Si_2$ 颗粒能抑制涂层裂纹的形成和扩展。

（3）C/C 复合材料表面 $SiC-MoSi_2-(Ti_{0.8}Mo_{0.2})Si_2$ 复相单层陶瓷涂层在 1773K 有氧环境下氧化 49h，失重仅为 2.18%，表面未发现裂纹，涂层氧化后，在表面上能形成致密、连续、稳定的玻璃质氧化物，其抗氧化性能取决于氧在涂层中的扩散过程。

（4）C/C 复合材料表面 $SiC-MoSi_2-(Ti_{0.8}Mo_{0.2})Si_2$ 多层复相陶瓷涂层在 1773K 有氧环境下氧化 79h，失重仅仅 1.93%，表面未发现裂纹，涂层氧化后，在表面上能形成致密、连续、稳定的玻璃质氧化物，其抗氧化性能取决于氧在涂层中的扩散过程。

（5）作为 C/C 复合材料的抗氧化涂层，$SiC-MoSi_2-(Ti_{0.8}Mo_{0.2})Si_2$ 复相陶瓷单层及多层涂层在 1773K 内具有稳定可靠的长时间防护能力。涂层的失效是由于涂层表面在氧化试验中形成的孔洞和不能愈合的裂纹等缺陷引起的。

（6）C/C 复合材料 $SiC-MoSi_2-(Ti_{0.8}Mo_{0.2})Si_2$ 复相单层陶瓷涂层及多层涂层具有相同的氧化机理。其氧化可分为 4 个阶段。氧化初期，涂层的表面开始氧化，氧化失重受氧气和涂层的化学反应控制，表现为氧化增重，氧化失重与时间的关系曲线为对数曲线型；氧化中期，氧化失重受玻璃质的形成速度和蒸发速度控制，表现为缓慢的氧化失重，氧化失重与时间的关系曲线为直线型；随后，涂层上出现裂纹的形成和愈合过程，涂层深层被氧化，表现为较快的氧化失重；最后，涂层被局部破坏，基体被部分氧化，氧化失重直线上升。

参 考 文 献

[1] Dhami T L, Bahl O P, Awasthy B R. Oxidation-resistant carbon-carbon composites up to 1700℃. Carbon,1995,33(4):479.

[2] Fu Q G,Li H J,Shi X H,et al. Silicon carbide coating to protect carbon/carbon composites against oxidation. Scripta Materialia,2005,52:923.

[3] Huang J F,Zeng X R,Li H J,et al. Influence of the preparation temperature on the phase, microstructure and anti-oxidation property of a SiC coating for C/C composites. Carbon, 2004,42(8-9):1517-1521.

[4] 张小立,吕振林,金志浩. 无压反应烧结 MoSi$_2$-SiCp 复相材料的制备与性能. 稀有金属材料与工程,2003,32(12):1037-1040.

[5] 邓世均. 高性能陶瓷涂层. 北京:化学工业出版社,2002:181-184.

[6] 美国国家材料咨询委员会所属涂层委员会. 高温抗氧化涂层. 金石译. 北京:科学出版社,1980:206-209.

[7] Sedaka T. Treatment of carbon fiber reinforced carbon materials for oxidation resistance: Japan,9569763. 1995-3-14.

[8] 曾燮榕,李贺军,杨峥,等. 防止碳/碳复合材料氧化的 MoSi$_2$-SiC 双相涂层系统的研究. 航空学报,1997,18(4):427-431.

[9] 曾燮榕,李贺军,杨峥. 碳/碳复合材料表面 MoSi$_2$-SiC 复相陶瓷涂层及其抗氧化机制. 硅酸盐学报,1999,27(1):10-17.

[10] 孙岚,潘金生. TiC 颗粒增韧 MoSi$_2$ 基复合材料的力学性能. 材料工程,2001,9:31-34.

[11] 李建林,江东亮,谭寿洪. 原位生成 SiC/TiSi$_2$ 纳米复合材料的显微结构. 金属学报,1999,35(8):893-896.

[12] Terentieva V S,Bogachkova O P,Goriatcheva E V. Method for protecting products made of a refractory material against oxidation,and resulting products:US,5677060. 1997.

[13] 黄剑锋,李贺军,熊信柏,等. 炭/炭复合材料高温抗氧化涂层的研究进展. 新型炭材料,2005,20(4):373-379.

[14] 郭海明,舒武炳,乔生儒,等. C/C复合材料防氧化复合涂层的制备及其性能. 宇航材料工艺,1998,28(5):37-40.

[15] Shiro S,Takeshi S. Preparation and high temperature oxidation of SiC compositionally graded graphite coated with HfO$_2$. Carbon,2002,40:2469-2475.

[16] Zhu Q S,Qiu X L,Ma C W. Oxidation resistant SiC coating for graphite materials. Carbon,1999,37:1475-1484.

[17] Savage G. Carbon-Carbon Composites. Chapman & Hall Press,1992,321-357.

[18] 蔡大勇,于栋利,何巨龙,等. 碳/碳复合材料的氧化动力学研究. 炭素,2000,(1):9-11.

[19] 王世驹,安宏艳,陈渝眉,等. 碳/碳复合材料氧化行为的研究. 兵器材料科学与工程. 1999,22(4):36-40.

[20] Wu T M,Wu Y R. Methodology in exploring the oxidation behavior of carbon/carbon composites. Journal of Material Science,1994,29(5):1260-1264.

[21] Cheng L F,Xu Y D,Zhang L T,et al. Oxidation behavior of C-SiC composites with a Si-W coating from room temperature to 1500℃. Carbon,2000,38:2133-2138.

[22] Cheng L F,Xu Y D,Zhang L T,et al. Oxidation behavior of carbon-carbon composites with a three-layer coating from room temperature to 1700℃. Carbon,1999,37:977-981.

[23] Huang J F,Li H J,Zeng X R,et al. Yttrium silicate protective coating for SiC coated carbon/carbon composites. Ceramics International,2006,32:417-421.

[24] Huang J F,Li H J,Zeng X R,et al. Preparation and oxidation kinetics mechanism of three-layer multi-layer coatings coated carbon/carbon composites. Surface & Coating Technology,2006,200:5379-5385.

[25] Huang J F, Zeng X R, Li H J, et al. Oxidation behavior of SiC-Al$_2$O$_3$-mullite multi-coating coated carbon/carbon composites at high temperature. Carbon, 2005, 43: 1557-1583.

[26] Han J C, He X D, Du S Y. Oxidation and ablation of 3D carbon-carbon at up to 3000℃. Carbon, 1995, 33(4): 473-478.

第5章 涂刷法制备 C/C 复合材料多组分抗氧化涂层的研究

5.1 引 言

在第4章中，用包埋法制备了 SiC-$MoSi_2$-$(Ti_{0.8}Mo_{0.2})Si_2$ 多组分单层涂层及带有 SiC 内涂层的双层 SiC-$MoSi_2$-$(Ti_{0.8}Mo_{0.2})Si_2$ 多层涂层，考察了这两种涂层表面和断面的组织结构形貌及在 1773K 下的等温抗氧化性能，分析了涂层氧化的规律和机理。为了进一步探索制备 C/C 复合材料抗氧化涂层的方法，并提高制备涂层的高温抗氧化性能，本章我们使用涂刷法，以 Y_2O_3、ZrO_2、Al_2O_3、Si 和 C 为原料，在 SiC-C/C 复合材料上制备了含有 Y_2O_3、ZrO_2 和 Al_2O_3 的多组分抗氧化涂层，考察涂层的结构以及在 1873 K 的抗氧化性能，分析涂层的失效机理。

Al_2O_3 类陶瓷是一种最重要，应用最广泛的一类陶瓷，也是热喷涂技术中最常用的一类陶瓷材料[1]。其结合键是以金属阳离子与氧阴离子相结合的离子键为主，具有很强的化学键力结合，因而具有熔点高、硬度高、刚度大、热导率低、膨胀系数小、化学性质稳定等优点。Al_2O_3 陶瓷涂层也是一种很好的高温应用涂层。激光喷涂制备的 Al_2O_3 陶瓷涂层具有良好的抗高温、抗磨以及抗腐蚀性能[2, 3]。

Y_2O_3 是重稀土金属元素钇的氧化物，熔点高，约为 2683K，在高温氧化性气氛和高温还原性气氛中化学性质十分稳定。Y_2O_3 和 ZrO_2 陶瓷涂层也是一种很好的高温应用材料而被广泛使用[4-7]。用 Y_2O_3 作为稳定剂掺入 ZrO_2 晶体中，可使 ZrO_2 在高温下形成稳定化或半稳定化的晶体结构。当 Y_2O_3 的加入量为 8%～18%（质量分数）时，可形成稳定的晶体，即由单斜晶体和立方晶体混合结构组成的晶体。Y_2O_3 和 ZrO_2 的相图如图 5-1 所示[8]，在高温条件下，单斜晶体转变成四方晶体并伴随有体积收缩，而立方晶体随温度升高而体积膨胀。这种收缩与膨胀相互抵消，使部分稳定的 ZrO_2 比完全稳定的 ZrO_2 具有更低的热膨胀系数而具有良好的抗热震性能。近年来，已有用激光喷涂技术、涂刷法和溶胶-凝胶技术制备含有 Y_2O_3 和 ZrO_2 的涂层应用于高温下保护 Ni 材料基体和C/C复合材料[9-13]。

　　但是迄今为止，未发现使用涂刷法技术制备含有 Y_2O_3、ZrO_2 和 Al_2O_3 的多组分抗氧化涂层的报道，尤其应用于 C/C 复合材料上。鉴于 Y_2O_3、ZrO_2 和 Al_2O_3 均具有良好的高温性能，本章进行了这方面的尝试。

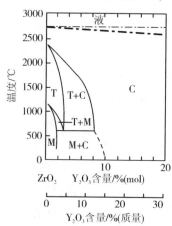

图 5-1　ZrO_2-Y_2O_3 二元系相图

C 为立方晶体 ZrO_2，稳定态；M 为单斜晶体 ZrO_2；T 为四方晶体 ZrO_2，稳定态

5.2　多组分抗氧化涂层的制备

5.2.1　多组分抗氧化涂层的结构设计

　　首先用包埋法在 C/C 复合材料的表面制备一层多孔的 SiC 内涂层，然后再用涂刷法制备含有 Y_2O_3、ZrO_2 和 Al_2O_3 的外涂层。涂层的结构设计如图 5-2 所示：

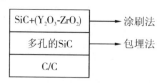

图 5-2　涂层结构示意图

5.2.2　涂层的制备工艺

　　所采用的 C/C 复合材料及其预处理方法见 2.2.2 小节。

　　第一步在 C/C 复合材料表面制备 SiC 黏结层。包埋时，选择高纯度(≥99.5%)的 Si 粉、C 粉、Al_2O_3 粉及少量添加剂，分别经 300 目过筛，按照设计的比例混合，并搅拌均匀，作为包埋粉料备用。设计的比例为（ω_{Si}）40%～50%（300 目）、（ω_{SiC}）30%～48%（325 目）和（ω_C）5%～10%（300 目），包埋温度为 1773 K，时间 2h，详细制备工艺同 3.2.1 小节。

第二步是用涂刷法在 SiC-C/C 复合材料的表面制作 Y_2O_3-ZrO_2-Al_2O_3 多组分抗氧化涂层。制备步骤如下：

（1）聚乙烯醇溶液的制备：将 10g 聚乙烯醇（PVA）加入到 100mL、100℃的热蒸馏水中，同时不停的搅拌 30min 以制备聚乙烯醇溶液。

（2）涂刷用浆料的制备：将 Y_2O_3、ZrO_2、Al_2O_3、Si 及 C 的混合物添加到聚乙烯醇溶液中制备涂刷用的浆料。加入粉料时，要不停的搅拌使加入的粉料分散均匀。混合物中各物质的质量比为：（ω_{Si}）10%～15%，（$\omega_{石墨}$）1%～5%，（$\omega_{Al_2O_3}$）30%～50%，（$\omega_{Y_2O_3}$）3%～5% 和（ω_{ZrO_2}）20%～30%，所有粉料的纯度均为分析纯，粒度等于或大于 300 目。

（3）多组分抗氧化涂层的制备：将制备的浆料直接涂刷到 SiC-C/C 复合材料的表面，在空气中晾干后，将涂覆的试样移入高温石墨炉中，通氩气保护，升温到 1873K 保温 30min。随炉冷却后即可获得复合涂层涂覆的 C/C 复合材料。这一过程反复进行 5 次，即可在 SiC-C/C 复合材料的表面制作出 Y_2O_3-ZrO_2-Al_2O_3 多组分抗氧化涂层。

涂层的详细制备过程如图 5-3 所示。

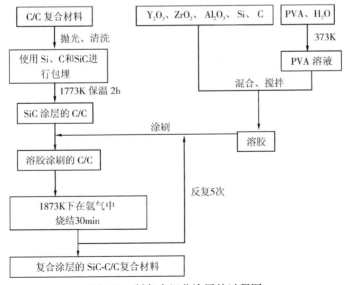

图 5-3　制备多组分涂层的过程图

5.3　涂层的表面特征和性能测试

按照 3.3.2 小节中所述的涂层表面特征和性能测试方法，对制备的带有涂层的 C/C 复合材料进行涂层的显微结构分析、X 射线衍射分析、高温抗氧化性能分析测试。

5.4　结果与讨论

5.4.1　涂层表面及断面的微观组织分析

一次包埋制备的 C/C 复合材料 SiC 内涂层的表面显微形貌、X 射线衍射图如图 5-4 所示。从涂层的 X 射线衍射图［图 5-4(b)］可以看出，

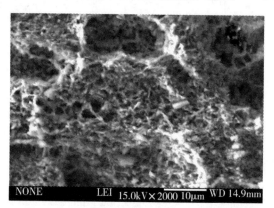

(a) 表面显微形貌

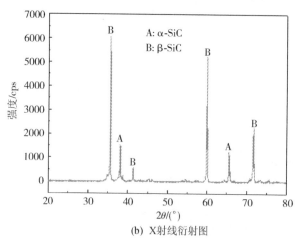

(b) X射线衍射图

图 5-4　一次包埋制备的 SiC 涂层的表面显微形貌和 X 射线衍射图

形成的 SiC 内涂层是由 α-SiC 和 β-SiC 相组成。从 SiC 内涂层的表面显微形貌看，制备的 SiC 涂层具有多孔的网状结构，这一结构的抗氧化性能一般不会很好，因此需要制备外涂层以填充网状的孔隙。

图 5-5 所示的为经过包埋和涂刷法制备的 C/C 复合材料试样涂层的表面背散射显微形貌[图 5-5(a)]以及断面的显微形貌图[图 5-5(b)]。从涂层的表面背散射显微形貌[图 5-5(a)]可以看出，涂层具多相结构，即白色相 1、灰白相间相 2 和灰色相 3。我们认为多孔的 SiC 内涂层被涂刷的物质粒子所填充是所制备涂层的主要结构。从制备的多组分涂层的断面显微形貌图[图 5-5(b)]看，制备的试样涂层断面厚度大约为 500 μm，而且很不致密，在外涂层上有小孔状的区域。

(a) 表面背散射显微形貌

(b) 断面的显微形貌

图 5-5　试样涂层的表面背散射显微形貌和断面的显微形貌图

这些小孔状的区域是涂刷料浆后的试样在氩气中 1873 K 处理时形成的，它们在试样高温氧化试验中，涂层的物质粒子被氧化时能够自愈合。

图 5-6 所示的为制备的 C/C 复合材料试样涂层表面的 X 射线衍射图。X 射线衍射分析表明涂层是由 ZrO_2、Y_2O_3、Al_2O_3、SiC、Al_4SiC_4 和 $Y_3Al_2(AlO_4)_3$ 多相组成的。新相 SiC、Al_4SiC_4 和 $Y_3Al_2(AlO_4)_3$ 是涂刷料浆后的试样在氩气中 1873 K 热处理时形成的。Al_4SiC_4 的形成，黄剑峰在其发表的文章中已有报道[14]。这些物质形成的化学反应方程式如下面方程式(5-1)～式(5-3)所示：

$$Si+C \longrightarrow SiC \tag{5-1}$$

$$3Y_2O_3+5Al_2O_3 \longrightarrow 2Y_3Al_2(AlO_4)_3 \tag{5-2}$$

$$SiC+2Al_2O_3+9C \longrightarrow Al_4SiC_4+6CO \tag{5-3}$$

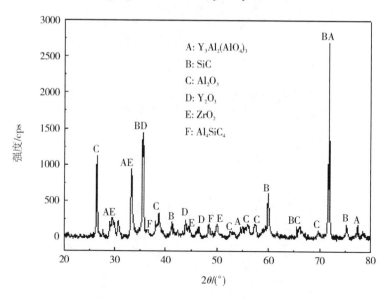

图 5-6　多组分涂层表面的 X-射线衍射图

图 5-7 所示为制备的 C/C 复合材料多组分涂层表面的显微形貌图以及点能谱分析图。通过涂层表面的点能谱分析可以知道，白色相 1 是由 O、Si、C、Al、Y 和 Zr 等化学元素组成的。结合图 5-5 的 X 射线衍射分析表明，涂层是由 ZrO_2、Y_2O_3、Al_2O_3、SiC、Al_4SiC_4 和 $Y_3Al_2(AlO_4)_3$ 六相组成的，因此我们可以推测，白色相 1 是由 Al_2O_3、ZrO_2、Y_2O_3 和 Al_4SiC_4 组成的。灰白相 2 是由 C、O、Al、Si 和 Y 元素组成，因

此它是由 SiC 和 $Y_3Al_2(AlO_4)_3$ 两相组成的。同理可知，灰色相 3 是 SiC 相。

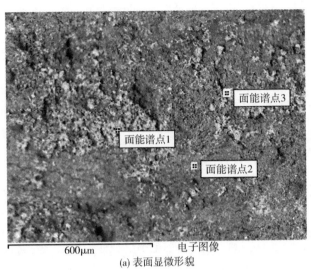

(a) 表面显微形貌

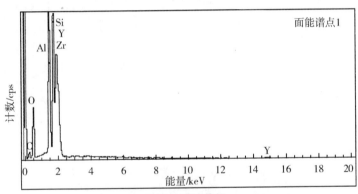

(b) 点1处能谱分析

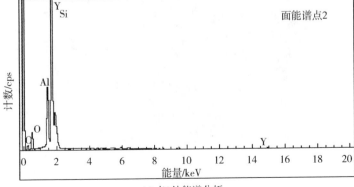

(c) 点2处能谱分析

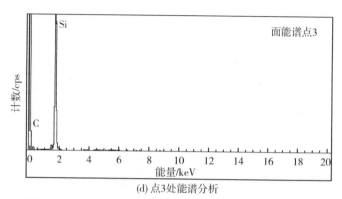

(d) 点3处能谱分析

图 5-7　制备的C/C复合材料多组分涂层表面的显微形貌图以及点能谱分析图

5.4.2　涂层的断面形貌与元素分布

通过涂层断面的元素线扫描分析，Si、Y、Zr、Al、O 和 C 元素的含量变化见图 5-8。从图 5-8(b)中可以发现，Y 和 Zr 元素几乎分散到了整个 SiC 涂层。这是因为从前面的图 5-4 我们已经知道，包埋法制备的 SiC 内涂层是一种多孔结构，在进行包埋反应时，元素 Y 和 Zr 通过孔隙即可渗透到整个 SiC 涂层。

同时也发现，Al 元素的含量在从涂层的表面到 $150\mu m$ 处比其他区域的含量高，而 Y 和 Zr 的浓度在 $150\mu m$ 到 $450\mu m$ 处较高。形成这一浓度分布的原因是高温烧结时发生的化学反应以及元素高温下的扩散引起的。

(a) 扫描电镜图

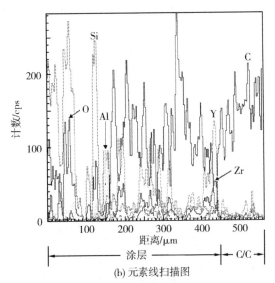

(b) 元素线扫描图

图 5-8　制备涂层断面的扫描电镜图和元素线扫描图

5.4.3　涂层的抗氧化机理探讨

图 5-9 为带有多组分抗氧化涂层的 C/C 复合材料在 1873K 时的等温氧化曲线。和无涂层的 C/C 复合材料相比较，SiC-C/C 复合材料的抗氧化性能有了明显的提高。而同 SiC-C/C 复合材料相比较，用涂刷法制备的多组分抗氧化涂层的 C/C 复合材料的抗氧化性能又有较大程度的提高。从图 5-9 可以看出，SiC-C/C 复合材料在 1873 K 下氧化 2h，失重为 5.16%，这是因为它具有多孔的结构，氧气可以通过孔隙和涂层中含 C 的物质反应而造成失重的；而制备的多组分抗氧化涂层的 SiC-C/C 复合材料经 1873 K 下氧化 2h 后，不但没有失重，而且增重 0.38%。增重是由于多组分涂层物质和高温下空气中的氧反应造成的。发生的化学反应方程式可以用式(5-4)和式(5-5)表示

$$SiC+2O_2 \longrightarrow SiO_2+CO_2 \tag{5-4}$$

$$AlSiC_4+8O_2 \longrightarrow 2Al_2O_3+SiO_2+4CO_2 \tag{5-5}$$

另外，有两个化学反应会引起材料的失重，如式(5-6)和式(5-7)所示

$$2Y_3Al_2(AlO_4)_3 \longrightarrow 5Al_2O_3+3Y_2O_3 \tag{5-6}$$

$$SiO_2+C \longrightarrow SiO+CO \tag{5-7}$$

经过 19h 的高温氧化后，制备的多组分抗氧化涂层的 C/C 复合材

料的失重仅为 1.76%。时间超过 19h 后，氧化失重急剧增加；氧化 29h，氧化失重为 6.23%；氧化 34h，氧化失重为 18.75%。这时，意味着涂层已经失效，C/C 复合材料的基体已被氧化，涂层失去了保护作用。

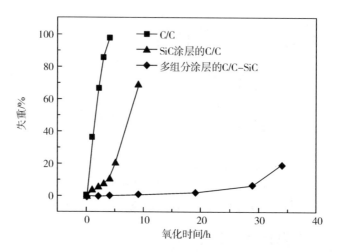

图 5-9　试样在 1873 K 下的等温氧化曲线图

图 5-10 所示为试样在 1873 K 等温氧化 29 h 后涂层表面的 X 射线衍射图。从图 5-10 中可以看出除了 SiC、Al_2O_3、Y_2O_3 和 ZrO_2 的衍射峰外，出现了新相 SiO_2 和 $Y_2Si_2O_7$ 的衍射峰，而 Al_4SiC_4 和 $Y_3Al_2(AlO_4)_3$ 的衍射峰消失，SiC 的衍射峰比图 5-6 中的衍射峰强度明显减弱。这些结论同涂层氧化反应的反应式(5-4)～式(5-6)相一致。

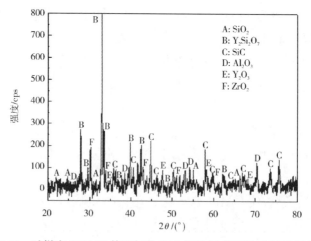

图 5-10　试样在 1873 K 等温氧化 29 h 后涂层表面的 X 射线衍射图

试样在 1873K 等温氧化 29h 后涂层的表面和断面的微观显微形貌如图 5-11 所示。从图 5-11 中可以看出，在涂层的表面生成了一层玻璃层物质，这层玻璃质物质是由反应生成的 SiO_2、$Y_2Si_2O_7$、Y_2O_3、ZrO_2 和 Al_2O_3 形成的。同时在涂层表面也能发现到针状的小孔和裂纹[图 5-11(a)]。这些直径大约 $30\mu m$ 的小孔是由于等温氧化时涂层物质反应生成的气体离开涂层表面逸出时产生的，它们可能成为氧进入涂层的通道，从而导致试样失重直线上升。裂纹和孔隙的产生是由于试样在高温等温氧化试验时，在几秒钟内试样要从温度 1873K 的高温炉中迅速取出降至室温进行称重，降温的速度很快，由于涂层材料和 C/C 复合材料热膨胀系数的差异而引起热应力，从而导致裂纹和孔隙的产生。当再次升温到 1873K 时，这些裂纹和孔隙不能愈合，它将成为氧气迅速进入涂层导致基体氧化的通道，使涂层被氧化而失效。

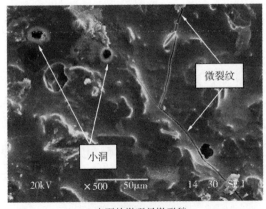

(a) 表面的微观显微形貌

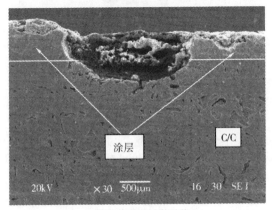

(b) 断面的微观显微形貌

图 5-11　试样在 1873 K 等温氧化 29 h 后涂层的表面和断面的微观显微形貌

根据以上分析，我们可以认为，高温等温氧化试验时，当氧化时间超过 19 h 后，多组分抗氧化涂层 C/C 复合材料的失重主要是由氧通过涂层表面的孔洞和不能愈合的裂纹进入基体导致基体的氧化而引起的。在图 5-11(b) 中，从断面看，一个因为涂层和基体被氧化而形成的大洞在涂层和基体上已经形成。因此，可以认为涂层表面形成的孔洞和裂纹是试样快速失重的主要原因。要避免高温氧化时在涂层的表面产生孔洞和裂纹，关键要优化涂层的成分和配比，选择合适的涂层制备工艺，这样才能进一步提高 C/C 复合材料在高温下的抗氧化时间。

5.5　结　论

（1）用包埋法和涂刷法制备 C/C 复合材料多组分复相抗氧化陶瓷涂层。

（2）涂层中产生的新相 SiC、Al_4SiC_4 和 $Y_3Al_2(AlO_4)_3$ 是涂刷料浆后的试样在氩气中 1873 K 热处理时原位形成的。

（3）C/C 复合材料表面多组分复相陶瓷涂层在 1873K 有氧环境下氧化 19h 后，失重仅为 1.76％。涂层的失效是由于涂层表面在氧化试验中形成的孔洞和不能愈合的裂纹引起的。

（4）制备的涂层仅可用于 C/C 复合材料短期抗氧化的条件，要进一步提高其抗氧化时间，必须优化涂层物质及其配比，选择合适的制备工艺。

参 考 文 献

[1] 刘维良,喻佑华.先进陶瓷工艺学.武汉:武汉理工大学出版社,2004:166-171.

[2] Damani R J,Makroczy P. Heat treatment induced phase and microstructural development in bulk plasma sprayed alumina. Journal of the European Ceramic Society,2000,20:867-888.

[3] Marple B R,Voyer J,Bechard P. Sol infiltration and heat treatment of alumina-chromia plasma-sprayed coatings. Journal of the European Ceramic Society. 2001,21:861-868.

[4] Gallardo-López A,Gómez-García D,Martínez-Fernández J,et al. High temperature plastic deformation of 24-32 mol％ yttria cubic stabilized zirconia (YCSZ) single crystals. Journal of the European Ceramic Society,2003,23:2183-2191.

[5] Jose M,Calderon M,Masahiro Y. $Y_3Al_5O_{12}$ (YAG)-ZrO_2 binary eutectic composites obtained by melt quenching. Materials Science and Engineering A,2004,375-377:1250-1254.

[6] Jose M,Calderon M,Masahiro Y. Microstructure and mechanical properties of quasi-eutectic

Al_2O_3-$Y_3Al_5O_{12}$-ZrO_2 ternary composites rapidly solidified from melt. Materials Science and Engineering A, 2004, 375-377: 1246-1249.

[7] Jose M, Calderon M, Masahiro Y. Rapidly solidified eutectic composites in the system Al_2O_3-Y_2O_3-ZrO_2: ternary regions in the subsolidus diagram. Solid State Ionics, 2002, 154-155: 311-317.

[8] 邓世均. 高性能陶瓷涂层. 北京: 化学工业出版社, 2002: 181-184.

[9] Ahmet P, Ozkan S, Erdal C. Effects of porosity on thermal loadings of functionally graded Y_2O_3-ZrO_2/NiCoCrAlY coatings. Materials and Design, 2002, 23: 641-644.

[10] Federico S, Monica F, Milena S. Multilayer coating with self-sealing properties for carbon-carbon composites. Carbon, 2003, 41: 2105-2111.

[11] Federico S, Milena S, Monica F. Oxidation protective multilayer coatings for carbon-carbon composites. Carbon 2002, 40: 583-587.

[12] Huang J F, Zeng X R, Li H J, et al. ZrO_2-SiO_2 gradient multilayer oxidation protective coating for SiC coated carbon/carbon composites. Surface and Coatings Technology 2005, 190: 255-259.

[13] Huang J F, Li H J, Zeng X R, et al. Yttrium silicate oxidation protective coating for SiC coated carbon/carbon composites. Ceramics International 2006, 32: 417-421.

[14] Huang J F, Zeng X R, Li H J, et al. Al_2O_3-mullite-SiC-Al_4SiC_4 multi-composition coating for carbon/carbon composites. Materials Letters, 2004, 58(21): 2627-2630.

第 6 章　包埋法制备 C/C 复合材料多组分 Al_2O_3-$CrAl_{0.42}Si_{1.58}$-SiC-Al_4SiC_4 抗氧化涂层的研究

6.1　引　言

为了进一步提高 C/C 复合材料的高温抗氧化性能，本章设计并用二次包埋法制备了 C/C 复合材料多组分 Al_2O_3-$CrAl_{0.42}Si_{1.58}$-SiC-Al_4SiC_4 抗氧化涂层，同时考察涂层的结构以及在 1873 K 时的抗氧化性能。

Al_2O_3 和 Cr_2O_3 中的金属阳离子均为三价阳离子，这两种氧化物的晶体点阵中，氧阴离子具有较大的离子半径，占据晶格结点形成点阵骨架，离子半径小的铝离子和铬离子嵌入氧离子骨架间隙形成 A_2X_3 型结构的菱形晶体[1]。由于它们化合价相同、晶体结构相同、化学键相同，因此，可生成无限固溶体，能以任意比例制成 Al_2O_3-Cr_2O_3 复合氧化物陶瓷涂层材料。用 Al_2O_3-Cr_2O_3 制成的膜主要用于高温合金的防高温氧化，具有优异的抗高温氧化、耐热震、抗高温燃气冲蚀性能。

Al_2O_3 和 Cr_2O_3 陶瓷涂层是一种适用于在高温下应用的涂层材料。激光喷涂产生的 Al_2O_3 陶瓷涂层具有良好的抗高温、抗磨和抗腐蚀性能[2, 3]。在近年来发表的论文中，有人使用脉冲激光沉积（PLD）、化学气相沉积（CVD）、激光喷涂（laser spraying technique）和激光爆炸技术（laser-detonation technique）制备了含有 Al_2O_3 和 Cr_2O_3 的涂层来防止镍材料、钢以及合金材料的高温氧化和腐蚀[4-8]。对于 C/C 复合材料来说，离子辅助物理气相沉积技术已被用于沉积（Cr-Al）双层涂层来保护 C/C 复合材料[9]；包埋法用于制备 Al_2O_3-mullite-SiC-Al_4SiC_4 多组分涂层保护 C/C 复合材料[10]。

包埋法是一种制备涂层的简便方法，制备时试样的各个面能够同时得到沉积，因而被广泛运用于沉积涂层在金属和 C/C 复合材料上，防止这些材料的高温氧化[11, 12]。但是到目前为止，在文献当中还没有发现使用包埋法这一涂层制备技术来制备 Al_2O_3-$CrAl_{0.42}Si_{1.58}$-SiC-Al_4SiC_4 多组分抗氧化涂层的报道，尤其是应用于 C/C 复合材料上。

　　鉴于 Cr_2O_3 和 Al_2O_3 具有良好的高温性能，在本章中，首次使用包埋法在 SiC-C/C 复合材料上沉积含有 Al_2O_3、$CrAl_{0.42}Si_{1.58}$、SiC 和 Al_4SiC_4 的多组分抗氧化涂层。当涂层被高温氧化时，在涂层表面可以形成 Cr_2O_3、Al_2O_3 和莫来石（mullite）。这样可以极大地提高了涂层的高温抗氧化性能。因为莫来石（$3Al_2O_3 \cdot 2SiO_2$ 或 $2Al_2O_3 \cdot SiO_2$）具有耐火度高、抗热震性好、抗化学侵蚀、抗蠕变、荷重软化温度高、体积稳定性好、电绝缘性强等性质，是理想的高级耐火材料，被广泛应用于冶金、玻璃、化学、电力、国防、燃气和水泥等工业上[13]。Al_2O_3-SiO_2 的相图如图 6-1 所示[14]，从图中可知莫来石在 1400℃ 就可以合成，其熔点为 1850℃。莫来石的一些主要性质见表 6-1[14]。

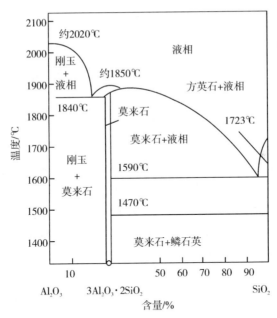

图 6-1　Al_2O_3-SiO_2 二元系相图

表 6-1　莫来石的主要性质

熔点 /℃	热膨胀系数 /($\times10^{-6}$℃$^{-1}$)	热导率 /[W/(m·K)]	弹性模量 /GPa	泊松比	介电常数	硬度(莫氏)
1850	4.4～5.6	3.89～6.07	220	0.28	6.4～7.3	7.5

6.2　涂层的制备

6.2.1　涂层的结构设计

首先在 C/C 复合材料的表面采用包埋法制备一层多孔的 SiC 内涂层，然后再第二次包埋制备多组分的外涂层。涂层的结构设计如图 6-2 所示。

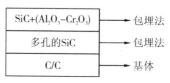

图 6-2　涂层的结构图

6.2.2　涂层的制备工艺

所采用的 C/C 复合材料及其预处理方法见 2.2.2 小节。

第一步在 C/C 复合材料表面制备 SiC 黏结层。详细制备工艺同 5.2.2 小节。

第二步是用包埋法在 SiC-C/C 复合材料的表面制作多组分抗氧化涂层。

（1）按照表 6-2 中各化学物质的比例，称取一定量的包埋粉料，再在球磨机中连续搅拌球磨 4h 以上备用。

（2）用石墨坩埚将 SiC-C/C 复合材料包埋在混合好的粉料中。在 2173 K 时的氩气保护下处理 2h 以形成多组分抗氧化涂层。

（3）把温度降至室温，打开炉子取出坩埚，从粉体中取出 C/C 复合材料试样，进行超声波清洗即可得到涂覆有 Al_2O_3-$CrAl_{0.42}Si_{1.58}$-SiC-Al_4SiC_4 的多组分抗氧化涂层。

表 6-2　包埋粉料的化学组成

化学物质	纯度	目数/目	含量/%
Al_2O_3	分析纯	325	40~50
Cr_2O_3	分析纯	300	10~20
Si	分析纯	300	8~25
C（石墨）	分析纯	325	10~15

6.3　涂层的表面特征和性能测试

按照 3.3.2 小节中所述的涂层表面特征和性能测试方法，对制备的带有涂层的 C/C 复合材料进行涂层的显微结构分析、X 射线衍射分析、高温抗氧化性能分析测试。

6.4　结果与讨论

6.4.1　涂层的表面及断面微观组织分析

图 6-3 中的（1）是一次包埋制备 SiC 内涂层的 X 射线衍射图，（2）显示了二次包埋制备的多组分外涂层表面的 X 射线衍射图。从图中可以看出，包埋粉料中的 Cr_2O_3 相消失，产生了新相 SiC、$CrAl_{0.42}Si_{1.58}$ 和 Al_4SiC_4。

新相 SiC、$CrAl_{0.42}Si_{1.58}$ 和 Al_4SiC_4 的产生是包埋粉料在 2173 K 时相互发生化学反应生成的，其化学反应方程式如式（6-1）～式（6-3）所示。

$$Si(l)+C(s)\longrightarrow SiC(s) \tag{6-1}$$

$$SiC(s)+Al_2O_3(s)+C(s)\longrightarrow Al_4SiC_4(s)+CO(g) \tag{6-2}$$

$$Cr_2O_3(s)+Al_2O_3(s)+SiC(s)+C(s)\longrightarrow CrAl_{0.42}Si_{1.58}(s)+CO(g) \tag{6-3}$$

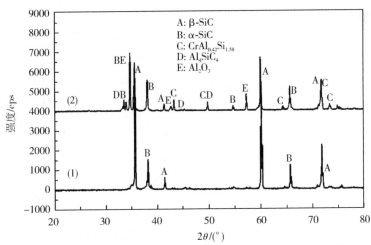

图 6-3　SiC 内涂层（1）和多组分外涂层（2）的 X 射线衍射图

图 6-4 所示为制备的 C/C 复合材料多组分涂层表面的显微形貌图以及点能谱分析图。很明显，涂层由 3 种晶相组成，即白色相 1、灰

白相 2 和灰色相 3。通过涂层表面的点能谱分析可以知道，灰色相 3 和灰白相 2 是由 Si、C、Al 元素组成的，而白色相 1 是由 Si、C、Al、Cr 和 O 元素组成。结合图 6-3（2）的 X 射线衍射分析表明，涂层是由 Al_2O_3、SiC、Al_4SiC_4 和 $CrAl_{0.42}Si_{1.58}$ 组成的，我们可以推测，白色相 1 是由 Al_2O_3 和 $CrAl_{0.42}Si_{1.58}$ 组成。灰白相 2 和灰色相 3 是由 SiC 和 Al_4SiC_4 两相组成。此外，Al 元素在灰白相 2 中的含量比在灰色相 3 中要高得多，但是 Si 元素在灰白相 2 中的含量比在灰色相 3 中要少。

(a) 表面显微形貌

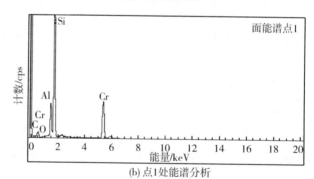

(b) 点1处能谱分析

(c) 点2处能谱分析

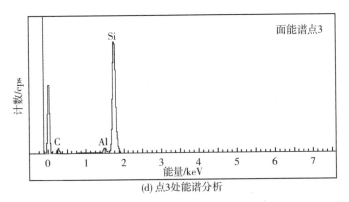

(d) 点3处能谱分析

图 6-4　制备的 C/C 复合材料多组分涂层表面的显微形貌图以及点能谱分析图

从多组分涂层的断面图 [图 6-5 (a)] 可以看出，制备的多组分涂层厚度大约为 $200\mu m$，涂层的断面致密，而且各层之间没有明显的界面。从图 6-5(b) 的线扫描能够发现，在包埋时 Si 和 Cr 元素已经渗入了整个 SiC 涂层和 C/C 复合材料。因此，我们可以推断出用包埋法制备出的 SiC 内涂层是一种多孔的结构。此外，Si 元素的浓度从 C/C 复合材料和涂层的界面到 C/C 复合材料的基体逐渐降低，而且没有发现 O 元素的存在，这意味着一个梯度 SiC 涂层在包埋过程中已经形成，它能够提供较好的抗热震性能。

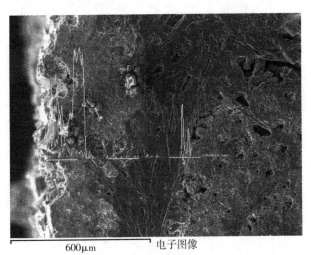

(a) 断面显微形貌图

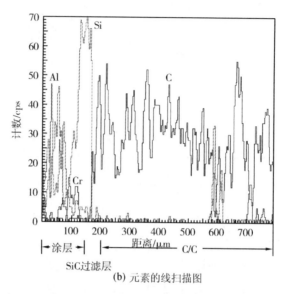

(b) 元素的线扫描图

图 6-5　制备涂层的断面显微形貌图和元素的线扫描图

6.4.2　高温等温氧化试验

　　图 6-6 为制备的多组分复相陶瓷涂层的 C/C 复合材料在 1873K 时的等温氧化曲线。从图 6-6 可以看出，在经过 32h 氧化后，试样仍然表现为氧化增重，增重为 0.62%。经 49h 氧化后，涂层的 C/C 复合材料的失重仅仅为 1.84%，失重率为 $1.1 \times 10^{-4}[\text{g}/(\text{cm}^2 \cdot \text{h})]$。

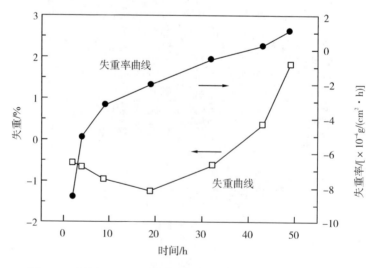

图 6-6　试样在 1873K 时的等温氧化曲线（负的失重表示增重）

　　此外，试样经历了从 1873K 到室温的 7 次热循环后没有发现裂纹和失效。这意味着制备的多组分复相陶瓷涂层具有较好的抗热震性能。

6.4.3　涂层失效的机理分析

　　制备所得的多组分抗氧化涂层的抗氧化性能之所以能够得到很大的提高，主要是因为利用包埋法制备涂层时形成了一种 SiC 涂层的裂纹和孔隙能够被 Al_4SiC_4、$CrAl_{0.42}Si_{1.58}$ 和 Al_2O_3 有效填充的结构。图 6-7 显示的是带有涂层的试样在 1873K 下氧化 49h 后的 X 射线衍射图。从图中可能看出，涂层氧化后形成了莫来石($3Al_2O_3 \cdot 2SiO_2$)和 Al_2O_3，这说明 SiC、Al_4SiC_4 和 $CrAl_{0.42}Si_{1.58}$ 在涂层 1873K 下被氧化时已经转变成玻璃相。所以我们可以得出结论，试样涂层和氧气在高温等温氧化试验时的化学反应方程式可用式(6-4)～式(6-7)表示。

$$SiC(s) + O_2(g) \longrightarrow SiO_2(s) + CO_2(g) \tag{6-4}$$

$$CrAl_{0.42}Si_{1.58}(s) + O_2(g) \longrightarrow Al_2O_3 \cdot SiO_2(s) + Cr_2O_3(s) + SiO_2(s) \tag{6-5}$$

$$Al_4SiC_4(s) + O_2(g) \longrightarrow SiO_2(s) + Al_2O_3(s) + CO_2(g) \tag{6-6}$$

$$SiO_2(s) + Al_2O_3(s) \longrightarrow Al_2O_3 \cdot SiO_2(s) \tag{6-7}$$

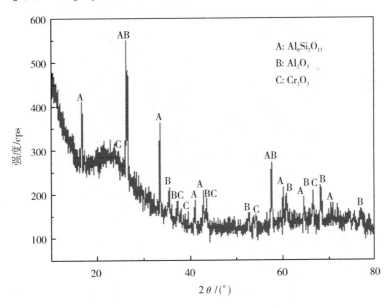

图 6-7　含有涂层的试样在 1873K 下氧化 49h 后的 X 射线衍射图

　　含有制备涂层的试样在 1873K 下氧化 49h 后表面微观结构见图 6-8(a)。可以发现由 SiC、Al_4SiC_4 和 $CrAl_{0.42}Si_{1.58}$ 生成的一层玻璃层在涂层的表面产生。另外也可以发现涂层表面存在许多针状的小孔和气体溢出时留下的大孔。涂层高温氧化时会产生气泡，气泡从表面逸出就留下了直径大约为 30 nm 的空洞。这些空洞的生成为空气中的氧进入涂层提供了通道，其结果会引起试样的失重直线增加。

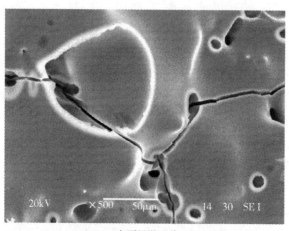

(a) 表面显微形貌

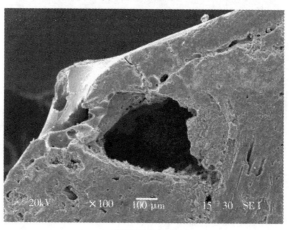

(b) 断面显微形貌

图 6-8　制备涂层在 1873K 下氧化 49h 后的表面显微形貌和断面显微形貌图

当上述反应式(6-4)～式(6-7)不断进行时，在涂层的表面生成一层由 Cr_2O_3、Al_2O_3 和莫来石组成的玻璃层。Cr_2O_3 和 Al_2O_3 具有相同的晶体结构，它们在高温下能够相互融合。莫来石陶瓷涂层也是一种比较理想的在高温下应用的涂层物质[10]。所以，这些物质是抗氧化玻璃涂层使 C/C 复合材料[15,16]、金属和其他材料[3-9]高温抗氧化的主要成分。观察表明，涂层材料的氧化是一个主要受氧气通过多组分涂层扩散控制的过程。1873K 高温等温氧化试验时，涂层表面形成的裂纹是涂层发生氧化的一个重要原因。研究表明，高温等温氧化试验时生成的莫来石和 $(Cr_xAl_{1-x})O_3$ 能够有效的阻挡氧气进入 C/C 复合材料基体。在图 6-8 (b) 中我们可以发现，在接近穿透性裂纹的旁边产生了一个大洞。因此，C/C 复合材料 Al_2O_3-$CrAl_{0.42}Si_{1.58}$-SiC-Al_4SiC_4 多组分抗氧化涂层高温等温氧化试验时的氧化主要是由于氧气扩散进入基体，从而引起 C/C 复合材料的氧化。

6.5　结　　论

（1）制备的多组分 Al_2O_3-$CrAl_{0.42}Si_{1.58}$-SiC-Al_4SiC_4 复相陶瓷涂层是一种 SiC 涂层的裂纹和孔隙被 Al_4SiC_4、$CrAl_{0.42}Si_{1.58}$ 和 Al_2O_3 有效填充的复相结构，涂层厚度约为 $200\ \mu m$。

（2）C/C 复合材料表面多组分复相陶瓷涂层在 1873K 有氧环境下氧化 49h，失重仅为 1.84 %，在涂层的表面未发现裂纹，涂层氧化后，在表面上能形成致密、连续、稳定的玻璃质氧化物，其抗氧化性能取决于氧在涂层中的扩散过程。

参 考 文 献

[1] 邓世均. 高性能陶瓷涂层. 北京：化学工业出版社，2002：114-115.

[2] Damani R J, Makroczy P. Heat treatment induced phase and microstructural development in bulk plasma sprayed alumina. Journal of Europe Ceramic Society, 2000, 20：867-888.

[3] Marple B R, Voyer J, Bechard P. Sol infiltration and heat treatment of alumina-chromia plasma-sprayed coatings. Journal of Europe Ceramic Society, 2001, 21：861-868.

[4] Jun C N, Steven L S, Francis S G. Metal organic chemical vapor deposition of Al_2O_3 and Cr_2O_3 on nickel as oxidation barriers. Surface and Coating Technology, 2004, 186：423-430.

[5] Alexander D P, Maxim I, Olga P K, et al. Structure and properties of Al_2O_3 and Al_2O_3 + Cr_2O_3 coatings deposited to steel (0.3 wt%C) substrate using pulsed detonation technology. Vacuum, 2001, 62：21-26.

[6] Ashenford D E, Long F, Hagston W E, et al. Experimental and theoretical studies of the low-temperature growth of chromia and alumina. Surface and Coating Technology, 1999, 116-119：699-704.

[7] Zhu S L, Wang F H, Lou H Y, et al. Reactive sputter deposition of alumina films on superal-

loys and their high-temperature corrosion resistance. Surface and Coatings Technology,1995, 71:9-15.

[8] Mimaroglu A,Taymaz I,Ozel A,et al. Influence of the addition of Cr_2O_3 and SiO_2 on the tribological performance of alumina ceramics. Surface and Coatings Technology,2003,169-170: 405-407.

[9] Roos E,Maile K,Lyutovich A,et al. (Cr-Al) bi-layer coatings obtained by ion assisted EB PVD on C/C-SiC composites and Ni-based alloys. Surface and Coatings Technology,2002, 151:429-433.

[10] Huang J F,Zeng X R,Li H J,et al. Al_2O_3-mullite-SiC-Al_4SiC_4 multi-composition coating for carbon/carbon composites. Materials Letters,2004,58:2627-2630.

[11] Koo C H,Yu T H. Pack cementation coatings on Ti_3Al-Nb alloys to modify the high-temperature oxidation properties. Surface and Coatings Technology,2000,126:171-179.

[12] Jiao G S,Li H J,Li K Z,et al. SiC-$MoSi_2$-($Ti_{0.8}Mo_{0.2}$)Si_2 multi-composition coating for carbon/carbon composites. Surface and Coatings Technology,2006,201(6):3452-3456.

[13] 黄剑峰. 碳/碳复合材料高温抗氧化 SiC/硅酸盐复合涂层的制备、性能与机理研究. 西安: 西北工业大学博士学位论文,2004:86-91.

[14] Sadanaga R,Tokonami M,takeuchi Y. The structure of mullite,$2Al_2O_3 \cdot SiO_2$,and relationship with the structure of silimanite and andalusite. Acta Crystallographica Section A, 1962,(15): 65-68.

[15] Fu Q G,Li H J,Shi X H,et al. Oxidation protective glass coating for SiC coated carbon/carbon composites for application at 1773 K. Materials Letters,2006,60:431-434.

[16] Smeacetto F,Salvo M,Ferraris M. Oxidation protective multilayer coatings for carbon-carbon composites. Carbon,2002,40:583-587.

第7章 结论与展望

本书以高温抗氧化涂层为研究目标，分别采用了包埋法、涂刷法、原位形成法等方法制备了 C/C 复合材料高温抗氧化 TiC 内涂层、改性 SiC 内涂层、SiC-MoSi$_2$-(Ti$_{0.8}$Mo$_{0.2}$)Si$_2$ 单层及双层抗氧化涂层、Y$_2$O$_3$ 和 ZrO$_2$ 等多组分涂层、Al$_2$O$_3$ 和 Cr$_2$O$_3$ 等多组分复合陶瓷涂层，进行了 1773K 和 1873K 下静态自然对流空气中的氧化试验，并采用扫描电镜(SEM)、X 射线衍射仪(XRD)、X 射线能谱(EDS)等分析手段分析了涂层氧化前后的物相组成、显微结构及形貌，对涂层的失效机理进行了研究，得出的主要结论如下。

(1) 利用包埋法制备 C/C 复合材料 TiC 内涂层及(SiC+TiC)复合外涂层。TiC 内涂层较薄，和基体 C/C 复合材料黏结不牢，有局部脱落现象。制备的(SiC+TiC)复合涂层为 SiC 和 TiC 复相组成，涂层由 SiC、TiC 和 Ti$_3$SiC$_2$ 三种物质组成。

(2) 针对包埋法制备的 SiC 内涂层存在微裂纹、孔洞缺陷等问题，通过添加改性剂，对微裂纹和孔洞进行控制，添加改性剂的 SiC 内涂层在性能上优于无改性剂的 SiC 内涂层。在 1773K 下的氧化试验表明，其抗氧化性有了很大提高。

(3) 用一次包埋法制备 C/C 复合材料 SiC-MoSi$_2$-(Ti$_{0.8}$Mo$_{0.2}$)Si$_2$ 复相陶瓷单层涂层，形成 MoSi$_2$ 和(Ti$_{0.8}$Mo$_{0.2}$)Si$_2$ 均匀分散于 SiC 连续相的组织形态和涂层结构。该涂层在 1773K 有氧环境下氧化 49h，失重仅为 2.18%，表面未发现裂纹，涂层氧化后，在表面上能形成致密、连续、稳定的玻璃质氧化物，其抗氧化性能取决于氧在涂层中的扩散过程。

(4) 用二次包埋法制备 C/C 复合材料多层 SiC-MoSi$_2$-(Ti$_{0.8}$Mo$_{0.2}$)Si$_2$ 复相陶瓷涂层。多层 SiC-MoSi$_2$-(Ti$_{0.8}$Mo$_{0.2}$)Si$_2$ 复相陶瓷涂层具有 MoSi$_2$ 和 TiSi$_2$ 均匀分散于 SiC 连续相的组织形态和涂层结构。C/C 复合材料表面 SiC-MoSi$_2$-(Ti$_{0.8}$Mo$_{0.2}$)Si$_2$ 多层复相陶瓷涂层在 1773K 有氧环境下氧化 79h，失重仅为 1.93%，表面未发现裂纹，涂层氧化后，在表面上能形成致密、连续、稳定的玻璃质氧化物，其抗氧化性能取决于氧在涂层中的扩散过程。

(5) $SiC-MoSi_2-(Ti_{0.8}Mo_{0.2})Si_2$ 复相陶瓷单层涂层和多层涂层具有相同的氧化机理。其氧化过程可分为 4 个阶段。氧化初期，涂层的表面开始氧化，氧化失重是受氧气和涂层的化学反应控制，表现为氧化增重，氧化失重与时间的关系曲线为对数曲线型；氧化中期，氧化失重受玻璃质的形成速度和蒸发速度控制，表现为缓慢的氧化失重，氧化失重与时间的关系曲线为直线型；随后，涂层上出现裂纹的形成和愈合过程，涂层深层被氧化，表现为较快的氧化失重；最后，涂层被局部破坏，基体被部分氧化，氧化失重直线上升。

(6) 用包埋法和涂刷法制备 C/C 复合材料多组分复相陶瓷抗氧化涂层。涂层中产生的新相 SiC、Al_4SiC_4 和 $Y_3Al_2(AlO_4)_3$ 是涂刷料浆后的试样在氩气中 1873K 热处理时原位形成的。C/C 复合材料表面多组分复相陶瓷涂层在 1873K 有氧环境下氧化 19h，失重仅为 1.76%。涂层的失效是由于涂层表面在氧化试验中形成的孔洞和不能愈合的裂纹引起的。

(7) 利用包埋法制备 SiC-C/C 复合材料表面多组分复相陶瓷涂层。制备的多组分 $Al_2O_3-CrAl_{0.42}Si_{1.58}-SiC-Al_4SiC_4$ 复相陶瓷涂层是一种 SiC 涂层的裂纹和孔隙被 Al_4SiC_4、$CrAl_{0.42}Si_{1.58}$ 和 Al_2O_3 有效填充的复相结构，涂层厚度约为 $200\mu m$。C/C 复合材料表面多组分复相陶瓷涂层在 1873K 有氧环境下氧化 49h，失重仅为 1.84%，表面未发现裂纹，涂层氧化后，在表面上能形成致密、连续、稳定的玻璃质氧化物，其抗氧化性能取决于氧在涂层中的扩散过程。

目前 C/C 复合材料抗氧化涂层向着长寿命（大于 200h）、耐高温、抗冲刷等方向发展。从目前的研究情况来看，多相复合涂层和梯度陶瓷涂层仍然有很大的发展空间和潜力，许多涂层体系理论上都达到了 1973K 甚至更高温度的长时间抗氧化能力。但是由于制作工艺的不善，使得涂层中有很多缺陷，从而降低了实际使用效果。因此，最佳涂层工艺的研究，涂层内层与层之间，涂层与基体之间的物理化学结合研究将是今后工作的重点之一。此外，降低成本、简化制作工艺、缩短合成周期也将是今后涂层研究的方向之一。

随着科学技术水平的不断发展和涂层制备工艺的更新，C/C 复合材料高温抗氧化问题将被彻底解决。C/C 复合材料将在航天和航空领域为人类做出更大的贡献。

后　记

　　2008 年 10 月，当我从西北工业大学材料学院博士毕业之时，就有一个愿望，想有一天能把这一阶段的研究成果整理出版成书，以供同行参考。今天这一愿望终于实现，我百感交集，感谢尊敬的导师李贺军教授的精心指导和大力支持，恩师渊博的知识、敏锐的洞察力、严谨的治学态度、求实创新的研究风格、高度的责任心和敬业精神都给我留下了深刻的印象，给我莫大的启迪和教益。这将一直鞭策和鼓励我在科学研究的道路上不断进取，指导我一生如何治学与为人。

　　从教 23 年来，在科学研究的道路上一时也不敢停留。高校特殊的职业要求也使自己在学业上不断进步。西北大学毕业十年后又返回母校在职攻读分析化学硕士学位。在取得学位后，立即到西北工业大学材料学院攻读材料学博士学位，期间远赴日本冈山理科大学交流学习半年。今天想起西北大学郎慧云教授，西北工业大学李贺军教授、李克智教授，日本冈山理科大学尾堂顺一教授，昔日求学的日子历历在目，导师的关怀帮助终生难忘。感谢所有帮助过我的人，谢谢！

　　高校教师教学和科研的关系历来是人们争论的焦点。作为一名高校教师，应时刻牢记社会赋予高校的四大职能，在搞好教学的同时积极开展科学研究工作以促进自己的教学工作和服务社会的能力，这也是我一生的追求。